小宇宙探微

张端明 何敏华 著

科学，那些不可思议的事

长江出版传媒 湖北教育出版社

(鄂)新登字 02 号

图书在版编目(CIP)数据

小宇宙探微/张端明,何敏华著.
—武汉:湖北教育出版社,2013.2(2020.11 重印)

ISBN 978-7-5351-7944-9

Ⅰ.小…
Ⅱ.①张… ②何…
Ⅲ.粒子物理学–普及读物
Ⅳ.O572.2-49

中国版本图书馆 CIP 数据核字(2012)第 261780 号

出版发行　湖北教育出版社
邮政编码　430070　　电　话　027-83619605
地　　址　武汉市雄楚大道 268 号
网　　址　http://www.hbedup.com
经　　销　新　华　书　店
印　　刷　天津旭非印刷有限公司
开　　本　710mm×1000mm　1/16
印　　张　11.75
字　　数　165 千字
版　　次　2013 年 2 月第 1 版
印　　次　2020 年 11 月第 4 次印刷
书　　号　ISBN 978-7-5351-7944-9
定　　价　26.00 元
如印刷、装订影响阅读,承印厂为你调换

小宇宙探微
XIAOYUZHOU TANWEI

第一章

楔子：大千世界　极微胜景

行行复行行，长亭接短亭——微观标尺

路漫漫其修远兮——求索场景

0110101010010101011011001001010101011001101
0011010101010101010101010101011010110011
0110101010101010101010101010101010101001
01101010101010101010101010101010101101
1010101010101010101010101010101010101

1001100011001
1010100101010
0101010101010
0100101010101
0101010101010

现在我们引领读者迈向探索宇宙本原的漫长的、兴趣盎然的旅途。我们发现从两个完全相反的路线出发：一个是迈向微观世界，深入到微观世界的各个层次，由分子而原子，而亚原子粒子，而基本粒子，一路上繁花似锦，动人心扉，但处处弥漫着迷雾，有许多问题向我们袭来；另一路是迈向宇观世界，飞升于宇宙的各个层次，由地球而太阳系，而银河系，而本星系，而超本星系，而我们观测的宇宙，这一路更是火树银花、壮丽非凡，但更是疑窦丛生、玄机百出，令人激动而又费解。这两条路上许许多多奇怪的问题，最后我们发现居然是联系在一起的，其谜底居然是相通的。宇宙的这种层次结构，宛如深宅大院，帘幕重重。本书的重点在于引领读者沿着第一条路线探索小宇宙，名曰《小宇宙探微》。但是这种探索往往也与第二条路线的探索密切相关。关于第二条路线的探索，我们写了另外一本书《大宇宙奇旅》，两本书自成体系，独立成篇。喜欢寻根究底的读者，有兴趣不妨把两本书参照起来看。

下面两组图像分别为哈勃空间望远镜和显微镜拍摄的大宇宙（A 图）和小宇宙（B 图）的瑰丽画面。

▲（A1）哈勃拍摄的船底座星云景象。上图为可见光情况下，下图为红外光条件下

▲（A2）近 50 亿光年的星系 Abell 370。这是 Abell 370 星系团所形成的重力透镜效应

▲（A3）球状星云半人马座ω星团核心部分数以十万计的色彩纷呈的恒星

▲（A4）哈勃拍摄到的史蒂芬五重星系成员撞击的景象

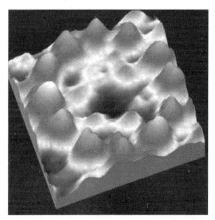

▲（B1）扫描隧道显微镜下排成环状的溴原子

▲（B2）锗硅量子点——量子森林

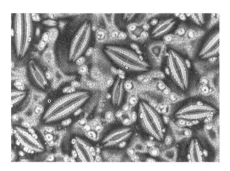
▲（B3）量子原子团纳米晶体

▲（B4）硫酸镁溶液中的结晶体

▲（B5）硅藻彩虹

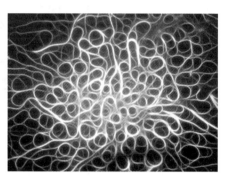
▲（B6）发光的动物肌蛋白丝

行行复行行,长亭接短亭——微观标尺

工欲善其事,必先利其器。我国战国时期著名思想家公孙龙说得好:一尺之棰,日取其半,万世不竭。一尺长的木棍,每天取其一半,一万代也不能穷尽。微观世界的征途颇像这根木棍不断折断的过程。古代折断木棍主要靠斧头,斧头越锋利,木棍就越容易折断。现代剖分物质的主要工具是加速器,粒子通过加速器获得的能量越高,其剖分物质能力越强,就是说剖分物质的"刀口"越锋利。这是怎么回事呢? 要回答这个问题,最好先熟悉一下这个世界的"规矩"(相当今日的圆规和直尺,校正圆形、方形的两种工具,即标准法度)和"沙漏"(古代计时仪器),也就是时间标度、空间标度和能量标度等术语。有趣的是,这些标度,往往关系密切。

▲ 图 1-1　公孙龙（约前 325—前 250）

这是什么原因呢？原来在极微世界中，粒子的运动规律呈现波动性，牛顿力学已不再适用，应该代之以量子论的方程。粒子波动性的一个主要表现就是海森堡不确定关系：波动的尺度（粒子位置的确定程度）Δl大致与能量的平方根（严格说是动量）成反比（由于相对论效应，此关系在能量越高时，偏移越大）。因此，如果要探测粒子的内部结构，分辨粒子内部精细构造，探测"针头"必须足够精密。用术语来说，就是波动的尺度越小，可分辨的空间尺度越小，当然所需要的能量也越大了。

在公孙龙所处的战国时代，剖分物体的利器是刀、斧，量度物体的工具是"规""矩"。卢瑟福时代用α粒子作为剖分粒子（原子）的利器。之后，又有了不少近代测试仪器：气泡室、粒子计数器等。

现代高能物理学家用以剖分粒子、探测其内部结构的利器或探针，是高能粒子，如加速后的电子、光子和中微子等。一般说来，作为"解剖刀"的探测粒子的能量越高，其刀刃就越锋利，能分辨的空间尺度就越小（参见表 1-1）。近代高能粒子加速器的规模越来越大，可达到的能量越来越高，原因就在这里。基本粒子物理学，往往又称高能物理，其中缘由读者至此必有所悟了。

现代物理学告诉我们，随着探索极微世界的更深微观层次，由分子而原子，而原子核，而强子（比如质子、中子就属于强子），直到夸克与轻子，越到后来,每揭开一层新世界的"幕布",必须付出越来越沉重的"代价"——能量。

表 1-1 能量与相应的可分辨的空间尺度

探测粒子具有能量	可分辨的空间尺度
约 1 电子伏	10^{-6} 米(分子、原子物理)
约 1 兆电子伏	10^{-11} 米(核物理)
约 100 兆电子伏	10^{-13} 米(亚原子粒子物理)
约 1~10 吉电子伏	10^{-15} 米(夸克—轻子粒子物理与量子色动力学)
$10^{2} \sim 10^{15}$ 吉电子伏	$10^{-17} \sim 10^{-30}$ 米(物理大沙漠,其间物理事件了解甚少)
约 10^{15} 吉电子伏	10^{-30} 米(可能是弱作用、电磁作用与强作用同一处)
约 10^{19} 吉电子伏	10^{-35} 米(普朗克长度,已知 4 种力可能在此处统一为超引力——量子引力)

细心的读者可能有疑问,此间能量的单位不是通常大家熟悉的焦耳而用电子伏,原因何在呢? 这实际上是一种习惯,在高能领域,大家都习惯这种能量标度,也许是因为加速器往往用高电压加速带电粒子。

为了对这些以电子伏为基础的单位有感性认识,我们试举几例。

1 电子伏=1.6×10^{-19} 焦耳,这是极小的能量单位。蚂蚁从地面搬运花粉,举高 1 厘米,所做的功相当 10000 亿电子伏。这个单位用于宏观世界很不方便,但是用于微观世界颇为恰当。例如要把一个电子从氢原子敲出来,起码要做 13.6 电子伏的功。"打碎"一个氢分子,使之变为 2 个氢原子,要做 4 电子伏的功。但是电子增加 1 电子伏的能量,如果通过加热,就得使其温度升高 10000K。可见,研究原子与分子物理中各种变化的时候,用电子伏比较方便。

1 兆电子伏=10^{3} 千电子伏=10^{6} 电子伏

通常核物理中的现象,用兆电子伏作单位来计算。例如打碎一个原子核,需要的能量约 10 兆电子伏。1911 年,英国科学家卢瑟福第一次用α粒子作为炮弹,打开原子核宫殿的大门时,α粒子携带的能量就是 7.68 兆电子伏。一个铀原子核裂变时,释放的能量为 185 兆电子伏。我们知道,威力无比的原子弹与现已遍及全世界的核能发电站,就是利用铀原子核裂变时所释放的能量。

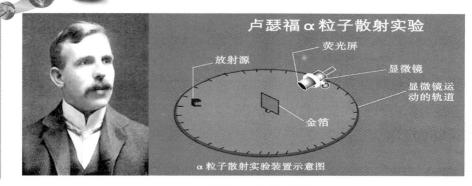

▲ 图 1-2　卢瑟福及其α粒子散射实验

要揭开基本粒子的秘密，廓清粒子王国的迷雾，必须研究亚原子粒子的相互转换，此时需要更高能量，其单位以吉电子伏为宜，甚至以太电子伏为佳。

$$1\text{ 吉电子伏} = 10^3\text{ 兆电子伏} = 10^9\text{ 电子伏}$$

$$1\text{ 太电子伏} = 10^3\text{ 吉电子伏} = 10^{12}\text{ 电子伏}$$

例如，我国的北京正负电子对撞机的设计能量便是 2 × 2.8 吉电子伏（对撞的两束电子，携带能量均为 2.8 吉电子伏），目前实际达到 1.55~2.2 吉电子伏。由于有爱因斯坦的质量与能量转换公式：

$$E = \Delta m \cdot c^2$$

式中：E——能量

Δm——转化的质量

c——光速

因此在粒子物理中，往往把质量单位与能量单位混合使用，如吉电子伏/（光速）^{2}就记作吉电子伏，理论物理学家往往选取自然单位制，其中令光速为 1。因此，中子与质子的质量往往写作 0.939 吉电子伏与 0.938 吉电子伏，大致相当 1 吉电子伏，但用普通质量单位表示分别是 1.6726×10^{-27} 千克与 1.6728×10^{-27} 千克。注意到这一点，就不会觉得混乱了。1.5 吉电子伏能量，足以将 100 克乒乓球举高 2 微米（10^{-6} 米），并不是一个很小的数字了！

在微观世界物质结构的不同层次，相应的两个标尺可以形象地用图 1-3 表示。由图中可以看出，目前我们研究的最小空间尺度大概在 10^{-16}~10^{-18}cm。

我国古代伟大哲人惠子说:至小无内。从哲学上,这句话反映对于微观世界的探索是永无止境的;从数学上来看,这句话是极限概念的绝妙写真。妙哉斯言!但是从科学的探索来说,限于加速器和探测设备的能力,探索的空间尺度与能量尺度,在任何时候总是有所限制的。

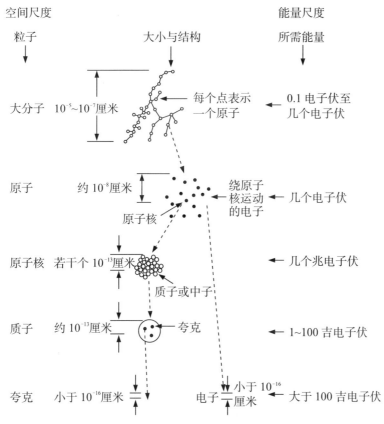

空间尺度　　　　　　　　　　　　　　　能量尺度

粒子　　　　　　大小与结构　　　　　　所需能量

大分子　$10^{-5} \sim 10^{-7}$ 厘米　　　每个点表示　　　0.1 电子伏至
　　　　　　　　　　　　　　一个原子　　　几个电子伏

原子　　约 10^{-8} 厘米　　　绕原子核运动　　几个电子伏
　　　　　　　　　　　　　　的电子
原子核

原子核　若干个 10^{-13} 厘米　　　　　　几个兆电子伏
　　　　　　　　　　　质子或中子

质子　　约 10^{-13} 厘米　　夸克　　　1~100 吉电子伏

夸克　小于 10^{-16} 厘米　　　电子 小于 10^{-16} 厘米　　大于 100 吉电子伏

▲ 图 1-3　物质结构不同层次的两个标尺

路漫漫其修远兮——求索场景

读者刚刚进行的微观世界和宇观世界的旅行,实际上穿越了小宇宙和大宇宙,确实是路漫漫其修远兮。我们明白了宇宙探源的对象包括最大和最小、最重和最轻,我们任务就是通过探索寻找所有这些物质世界的种种纷繁的事物,背后隐藏的普遍的动力学规律和结构规律。表 1-2 和表 1-3 就是我们打交道的若干对象。

表 1-2　最轻和最重

名　　称	质量(千克)	名　　称	质量(千克)
电子	9.1×10^{-31}	彗星	1.0×10^{15}
氢原子	1.7×10^{-27}	小行星	1.0×10^{19}
红血球	2.0×10^{-14}	月球	7.3×10^{22}
宇宙尘埃	1.0×10^{-12}	地球	6.0×10^{24}
米粒	2.0×10^{-6}	太阳	2.0×10^{30}
小流星	1.0×10^{-1}	星系	1.0×10^{41}
人体	6×10	星系团	1.0×10^{43}
		观测宇宙	$>1.0 \times 10^{51}$

表 1-3　最小与最大

名　　称	线度(直径)	名　　称	线度(直径)
电子	$<10^{-17}$ 米	泰山高度	1.5×10^{3} 米
原子核	10^{-15} 米	地球	1.3×10^{9} 米
红血球	7.3×10^{-6} 米	日地距离	1.5×10^{12} 米
芝麻	1.0×10^{-3} 米	银河系	1.0×10^{5} 光年
人	1.7 米	观测宇宙	1.5×10^{10} 光年

　　试看图 1-4,图的底部为空间尺度最小,但能量最高的极微世界;图的顶端则是茫茫宇宙、浩浩太空。两者一个最小,一个最大,乍看起来,南辕北辙,风马牛不相及。我们讨论的就是这两个看似毫不相关的世界。然而天下的事,无奇不有。我们马上就会看到,大、小宇宙的物质运动规律竟然殊途同归,大有合二为一的趋向呢!这正印证了中国的古语:相反相成。人们感到,极微世界的许多难解之谜的谜底,也许要在茫茫宇宙的重重迷雾中找到呢!

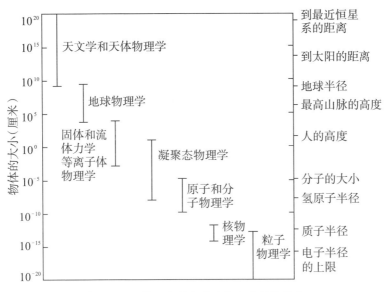

▲ 图1-4 物理学的各分支与相应结构尺度

现代宇宙学的所谓大爆炸标准模型原来就是建立在现代粒子物理的基础上。大爆炸瞬间(极早期宇宙)为我们提供超高能、超高压、超高温的极端条件,是现代高能物理实验基地、加速器不可能达到的。早期宇宙实际上就是粒子物理的天下。我们可以毫不夸张地说,对于高能物理的研究,就是对宇宙的"考古学"研究。越是追溯到更早期的宇宙,就能探索到更高能量(因而是尺度更小)的现象。我们观察到许多遥远天体(远至100多亿光年)的信息,不就是进行宇宙学考古吗?

幸运的是,茫茫宇宙不仅在其早期经历了超高能、超高温、超致密、超高压的大爆炸阶段,而且时至今日还不断闪现许多奇异的"爆发",达到的能量则让人类的加速器望洋兴叹。1979年3月5日,一颗人造卫星探测到大麦哲伦星云中发生的一次特大γ射线爆发,持续时间为0.15秒,相当于太阳在1000年的辐射能量。辐射能量超过10万亿亿亿亿焦耳。如果折合成煤,相当于燃烧掉5万个地球质量的煤!

我们也许不会忘记,从20世纪30年代起,人们就从宇宙深处的神秘来

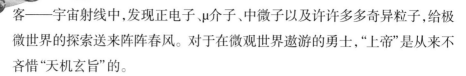

客——宇宙射线中,发现正电子、μ介子、中微子以及许许多多奇异粒子,给极微世界的探索送来阵阵春风。对于在微观世界遨游的勇士,"上帝"是从来不吝惜"天机玄旨"的。

我们已经知道,物质的结构在尺度上和能量上呈现不同的层次。我们还知道,这种层次的划分,空间尺度与能量尺度存在确定的对应关系。我们主要关心的极微世界,空间尺度最小,大约只有 10^{-15}~10^{-18} 米,即能量尺度相当于几兆电子伏到 100 吉电子伏。目前加速器探测的最高能量是 14000 吉电子伏,相当的空间尺度 10^{-19}~10^{-20} 米,参见图 1-3。这就是研究极微世界的科学,基本粒子物理学(physics of elementary particles)又称高能物理学(high energy physics)的原因了。

随着空间尺度加大或能量减少,依次是原子核物理学、原子物理学和分子物理学研究的领域。原子或分子聚集起来,就会构成我们常见的聚集相:称为物质三态的气相、液相和固相,以及液晶(你见过液晶手表吗?)、复杂流体与聚合物等软物质。研究物质这些形态的物理学分支,称为凝聚态物理学(condensed matter physics)。

等离子体是主要由带电的正、负粒子构成另一类气相物质,在整体上、宏观上是电中性的,相应的物理学分支称为等离子物理学(plasma physis)。固体力学与液体力学研究的是大尺度的固体与液体运动的规律。

继续扩大物质研究的空间尺度,就进入地球物理学、空间物理学和行星物理学的领域。进而扩展到太阳、银河星系、本星系团、超本星团,乃至整个宇宙,这就是天体物理与宇宙学的领地了。宇宙的结构和演化也是我们关注的重点。

奇妙的是,我们的宇宙,不管是大宇宙还是小宇宙,都是呈现梯级式结构的。大宇宙第一级是星系,第二级是星系群或星系团,第三级是超星系团。小宇宙第一级是基本粒子,第二级是亚原子粒子,第三级是原子和分子。这种结构不禁使我们想起了哲人老子的名言:一生二,二生三,三生万物。总之,我们观赏的就是茫茫宇宙、大千世界和袖里乾坤、极微胜景。从学术的角度来说,大致关注的是粒子宇宙学。

第二章

庭院深深深几许,帘幕无重数
——小宇宙一览

端,体之无厚而最前者也——宇宙的最小砖石

至小无内,谓之小一——基本粒子桂冠

春花秋月何时了,往事知多少——粒子王国的"兴亡"

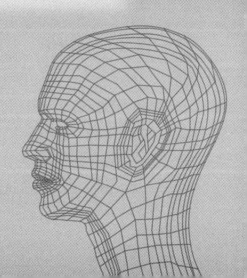

端,体之无厚而最前者也——宇宙的最小砖石

我们眺望周围世界,一切都是那样美好:灿烂的星空,皎洁的月光,鲜艳的花朵,啁啾的小鸟;同时大自然的变幻又是那样神秘莫测,那么绚丽纷繁:四季的更始,雷电的壮观,陨石雨的辉煌,物种的更替。自古以来,这一切都激发着先民难以遏制的好奇心和永难满足的求知欲:

我们的宇宙(天地等)是从哪里来的? 是如何演化的?

我们的大地(地球)构造如何? 为何有那么多沧海桑田的变化?

生命如何起源? 人类如何起源? 怎样进化为今天的人类?

对于这些问题的追索与探求,导致宇宙学、天文学、天体物理、地学、生命科学、人类学等学科的诞生与发展。但是,一个最基本、最重要的问题却是:

我们周围的物质世界是如何构成的? 构成物质世界的砖石中到底有没有最小的砖石(即再也不能剖分它们)存在?

一种意见是,没有。我国古代名家学派代表、战国时代的哲学家公孙龙就是其中的典型代表。他认为一尺长的木棍,每天取木棍的一半,永生永世也不能取完。这种意见,实质上认为物质是无限可分的。

另一种意见是,物质世界存在最小的砖石,世界上万物均由这些不可分割的"微粒"构成。用我们战国时代著名哲人惠施的话就是"至小无内,谓之小一"(《庄子·天下》),即最小的物质单元没有内部结构,叫作"小一"。古希腊哲学家德谟克利特(Democritus)继承老师留基伯(Leukippos)的思想,创立了著名的"原子论"。原子(atom),希腊文的原意是不能再分。

德氏原子论认为,自然界存在土、水、气和火4种元素,相应于4种形状、大小都不同的原子(如火原子是球形的)。这些原子的不同组合与运动,似乎可以合理地解释许多自然现象,如水的蒸发、香气的弥散,乃至宇宙的形成,等等。

▲ 图 2-1　惠施（左）（前约 370—前 310）和德谟克利特（右）（前 460—前 370）

大约比希腊原子论稍后，《墨子》中关于"小一""原子"的思想，说得更明确，更生动了。这些最小砖石为"端"，宣称"端，体之无厚而最前者也"（《墨子·经上》），"端，是无间也。"（《墨子·经说上》）；宣称原子具有"非半"的性质，"非半弗斫，则不动；说在端。"（《墨子·经下》）。即是说"端"是物质不能剖分的始原质点，其本身是没有大小的。这不就是惠施的"小一"、德氏的"原子"么？不就是今日的基本粒子的定义么？必须说明，古代所谓原子论只是天才的科学臆测、哲学的思辨，是没有实验基础的。

"基本粒子"一词，就是拉丁语"elementary particle"，其原义，就是始原、不可分、最小和最简单的物质单元，实际上是"原子"、"小一"和"端"的同义词。不过随着岁月的流逝，科学的发展，"小一"与"端"没有被采用为科学名词，"原子"一词已演化为一个特定的物质层次，其本义倒渐渐隐没在历史的烟尘中，而原来的"小一"、端"和"原子"的角色，倒是由"基本粒子"一词来承担了。

然而，随着岁月的流逝，尤其是近代科学的兴起，人类社会文明的不断推进，人们感到上述两种观念似乎都有道理，但都有所不足。

就人类认知能力而言，对微观世界的求索是无止境的，而且微观结构呈现"梯级结构"模式。借鉴著名的英国物理学家戴维斯（R. Davis）的话："物质是由分子构成的，分子是由原子构成的，原子是由电子和原子核构成的，原子

核是由中子与质子构成的。"

现在我们知道,中子与质子等是由"夸克"(quark)构成的。许多人相信,随着实验手段的改进,有可能发现更为基本的微观层次。这种认识的深化和递进,永远不会有终结的。这不就是公孙龙所说的"万世不竭"么?

然而,就一个时代,限于实验手段和其他种种局限性,人类的认识是有阶段性的。就这个意义上说,每个时代都会有为数不多的真正基本粒子,浑然一体,不可再分,是一切物质的建筑砖石。

如果说"原子"作为基本粒子的桂冠,直到19世纪末才卸下来,持续2000余年,而中子和质子一类强子有此桂冠都不过半个世纪而已。今日基本粒子的桂冠由谁戴着的呢?

答曰:"主要是两类:中微子与电子一类的轻子(Lepton)与夸克。也许还包括光子一类的媒介粒子,术语叫规范粒子。"至于还有许多理论预言,但尚未发现的粒子,我们都置而不论。

粒子物理,或对于"始原"粒子的探索,始终是自然科学尤其是物理学中最重要、最富于挑战性的。20世纪与21世纪的世纪之交评选有史以来最伟大的物理学家,经过世界范围认真评选,上榜名单是:爱因斯坦、牛顿、伽利略、麦克斯韦、卢瑟福、狄拉克、玻尔、海森堡、薛定谔、费曼(次序是作者任意排定的)。大家可以看到,其中至少有7个人与粒子物理有关,或者就是现在粒子物理学的鼻祖。基本粒子物理学在物理学乃至整个自然科学中所占的地位,由此可见一斑。

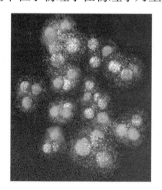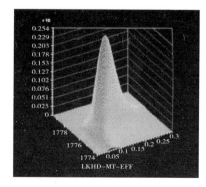

▲ 图 2-2 夸克及探测轻子

▲ 图 2-3　1927 年第五届索尔维会议参加者的合影

在图 2-3 中几乎汇聚了 20 世纪前半叶所有伟大物理学家。世界上没有第二张照片，能像这张一样，在一幅画面内集中了如此之多的、水平如此之高的人类精英。索尔维是一个诺贝尔式的人，本身既是科学家又是家底雄厚的实业家，万贯家财都捐给科学事业。诺贝尔设立了以自己名字命名的科学奖金，索尔维则是提供了召开世界最高水平学术会议的经费。这就是索尔维会议的来历。

照片中前排左起。左二：马克斯·普朗克（Max Planck，1858—1947）；左三：居里夫人（Marie Curie，1867—1934）；左四：亨德瑞克·安图恩·洛伦兹（Hendrik Antoon Lorentz，1853—1928）；左五：爱因斯坦（Albert Einstein，1879—1955）；左六：保罗·朗之万（Paul Langevin，1872—1946）。

中排左起。左一：彼得·德拜（Peter Debye，1884—1966）；左三：威廉·亨利·布拉格（W. H. Bragg，1862—1942）；左五：保罗·A·M·狄拉克（Paul Adrien Maurice Dirac，1902—1984）；左六：康普顿（Arthur Holly Compton，1892—1962）；左七：德布罗意（Louis Victor de Broglie，1892—1987）；左八：马

克斯·玻恩(Max Born, 1882—1970);左九:尼尔斯·玻尔(Niels Bohr, 1885—1962)。

后排左起。左三:埃伦费斯特(Paul Ehrenfest, 1880—1933);左六:薛定谔(Erwin Schrodinger, 1887—1961);左八:沃尔夫冈·泡利(Wolfgang Pauli, 1900—1958);左九:海森堡(Werner Heisenberg, 1907—1976)。

照片的第一排,坐着的都是当时老一辈的科学巨匠。中间那位就是爱因斯坦,他其实应该算一个"跨辈分"的人物。左起第三位那个白头发老太太就是居里夫人,她是这张照片里唯一的女性。在爱因斯坦和居里夫人当中那位老者是真正的元老级人物洛伦兹,电动力学里的洛伦兹力公式,是与麦克斯韦方程组同等重要的基本原理,爱因斯坦狭义相对论里的"洛伦兹变换"也是他最先提出的。前排左起第二位则是量子论的奠基者普朗克,他在解释黑体辐射问题时第一次提出了"量子"的概念。这一排里还有提出原子结合能理论的郎之万、发明云雾室的威尔逊等,个个德高望重。

第二排右起第一人是与爱因斯坦齐名的"哥本哈根学派"领袖尼尔斯·玻尔,玻尔第一个提出量子化的氢原子模型,后来又提出过互补原理和哲学上的对应原理,他与爱因斯坦的世纪大辩论更是为人们津津乐道。玻尔旁边是德国大物理学家玻恩,他提出了量子力学的概率解释。再往左,是法国"革命王子"德布罗意,他提出了物质波的概念,确立了物质的波粒二象性,为量子力学的建立扫清了道路。德布罗意左边,是因发现了原子的康普顿效应而著称的美国物理学家康普顿。再左边,则是英国杰出的理论物理学家狄拉克,他提出了量子力学的一般形式以及表象理论,率先预言了反物质的存在,创立了量子电动力学。这一排里,还有发明粒子回旋加速器的布拉格等。中排左一是彼得·德拜,美国物理化学家,1884年出生于荷兰,1901年进入德国亚琛工业大学学习电气工程,1905年获电子工程师学位,因他通过偶极矩研究及 X 射线衍射研究对分子结构学科所作贡献而于1936年获诺贝尔化学奖,1966年逝世。

第三排右起第三人,就是量子力学的矩阵形式的创立者海森堡,测不准原理也是他提出来的。他的左边，是他的大学同学兼挚友泡利，泡利是"泡利不相容原理"和微观粒子自旋理论泡利矩阵的创始人。两人同在索末菲门下学习时，经常不按老师的要求循序渐进，而是独辟蹊径，老师竟也完全同意并鼓励他们这样做。右起第六人，就是量子力学的波动形式的创立者薛定谔，量子力学薛定谔方程，就像经典力学里的牛顿运动方程一样重要，薛定谔还是最早提出生物遗传密码的人。

威廉·亨利·布拉格，现代固体物理学的奠基人之一，他早年在剑桥三一学院学习数学，曾任利兹大学、伦敦大学教授，1940 年出任皇家学会会长。由于在使用 X 射线衍射研究晶体原子和分子结构方面所做出的开创性贡献，他与儿子劳伦斯·布拉格分享了 1915 年诺贝尔物理学奖。父子两代同获一个诺贝尔奖，这在历史上恐怕是绝无仅有的。同时，他还作为一名杰出的社会活动家，在二三十年代是英国公共事务中的风云人物。

保罗·狄拉克，英国物理学家，1930 年，用数学方法描述电子运动规律时，发现电子的电荷可以是负电荷、也可以是正电荷的；狄拉克猜想，在自然界中可能存在一种"反常的"带正电荷的电子；他还预言反粒子和反世界的存在。薛定谔，奥地利理论物理学家，与爱因斯坦、玻尔、玻恩、海森堡等一起于 20 世纪 20 年代后期，发展了量子力学；因建立描述电子和其他亚原子粒子的运动的波动方程，获得 1933 年诺贝尔物理学奖。

以上这些人物，是 20 世纪物理科学的最杰出代表，他们都先后获得过诺贝尔物理学奖。他们在量子论和相对论等方向上所做的贡献，不仅彻底改变了人们的物质生活，而且改变了人类的思维方式和时空观念。

至小无内，谓之小一——基本粒子桂冠

基本粒子的桂冠并不容易戴上。基本粒子必须具有三要素：不能再剖分；未发现内部结构；没有大小。更确切地说，用现代仪器测量，无法测出其尺度，

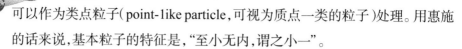

可以作为类点粒子（point-like particle，可视为质点一类的粒子）处理。用惠施的话来说，基本粒子的特征是，"至小无内，谓之小一"。

因此，判断一个粒子是否可以进行基本粒子的加冕，必须核查它是否可剖分，内部有无结构，其大小如何。

分子不是基本粒子，因为用加热或其他方法，很容易使它分裂为原子。可以测出最大分子的尺度有 $10^{-8} \sim 10^{-9}$ 米。

原子，尽管最初给它命名的希腊人，并无科学的实证根据，完全是哲学思辨的智慧结晶。但是十分幸运，"基本粒子"的桂冠它居然戴了 2400 余年。尽管几经沉浮，有亚里士多德（Aristotle）、柏拉图（Plato）的异议，也有伊壁鸠鲁（Epicurus）的执著宣扬；有漫长的中世纪的冷落，也有 17 世纪法国思想家伽桑狄（P. Gassendi）原子论的复兴。古典原子论坚强地挺立在科学的庙堂中。

牛顿（I. Newton）和英国科学家玻意耳（R. Boyle）赋予原子论近代科学底蕴。经过法国化学家拉瓦锡（A. L. Lavoisier）、俄国人罗蒙诺索夫（M. V. Lomonosov）、里希特（J. B. Richter）和普鲁斯特（J. I. Proust）的辛勤耕耘，原子论完成了科学的洗礼。科学的原子论终于在 1803 年 10 月 21 日诞生了。

这一天，英国科学家道尔顿（J. Dalton）在曼彻斯特的一次学术会议上，宣读论文《论水对气体的吸收作用》，首次公布科学原子论的内容，其中还包括

▲ 图 2-4　道尔顿（1766—1844）

人类历史上第一张原子量表。他傲然讲道："探索物质的终极质点，即原子的相对重量，到现在为止还是一个全新的问题。我近来从事这方面的研究，并获得相当成功。"

这是作为基本粒子的"原子们"大放异彩的时代，当时原子的存在性、不可分割性以及不变性得到公认。

19 世纪伊始，人们知道的元素有 28 种，到了 1869 年，元素发现已跃升为 63

种,就是说,自然界存在 63 种原子(此时尚没有同位素的发现)。原子论在化学研究中成果累累,令人侧目。

但是,门捷列夫(D. I. Mendeleev)元素周期表的发现——元素性质随原子量周期性的变化,分明暗示原子具有内部结构,而且呈现周期性变化,大大动摇原子的基本粒子宝座了。

1869 年,英国科学家希托夫(J. Hittorf)在他制造的玻璃管的阴极,发现绿色荧光(即阴极射线)。1897 年,英国卡文迪什实验室主任汤姆逊(J. J. Thomson)经过精密实验,首先判定射线带的是负电荷,然后将带电粒子的荷质比(电荷与其质量的比值)与氢离子的荷质比相比较,前者比后者要大 2000 倍。就是说,带负电粒子的质量只有氢原子的 1/2000。这种粒子即为电子。原子的基本粒子桂冠自此摇摇欲坠。

▲ 图 2-5 汤姆逊和卡文迪什实验室

电子是我们发现的物理新层次的第一个粒子。实际上,用能量较大的一束光或另一个原子轰击原子时,它就会分裂为原子核与电子。1911 年,年轻的物理学家卢瑟福(E. Rutherford)利用粒子(氦原子核)作为大炮,轰击铝箔,发现绝大部分粒子都毫无阻碍地穿过箔片,只是飞行方向略有偏移,散射角不过 1° 而已;但有少数α粒子有大角度偏转,有的甚至偏转 180° ,即似乎反被弹射回来(术语叫背向散射)。由此他明白,原子中有一个集中其绝大部分质量的原子核,因而才会有背向散射;原子核一定只占据原子体积的很小部分,否则大角度散射与背向散射的事例就会很多了(参阅图2-2)。

现在已弄清楚,原子核的直径只有原子的万分之一,大约10^{-15}米。如果原子的体积放大到直径为1千米的大圆球,原子核只不过像苹果那么大罢了。原子既然有大小,有内部结构,那么,原子基本粒子的桂冠自此坠落。

原子核也非基本粒子,存在内部结构。人们利用高能粒子,或高能光子(即γ射线)轰击原子核也会分裂为中子和质子。前者则是通常裂变的主要方式,后者现在称为光致裂变。

事实上,从历史上看,1938—1939年间,居里夫人的长女约里奥—居里夫人(Madame Joliot-Curie)及其助手萨维奇(P. P. Savitch),利用中子轰击铀,使其裂变。德国科学家哈恩(O. Halm)、施特拉斯曼(P. Strassman),奥地利杰出女物理学家梅特勒(L. Meitner)也进行了类似的实验。精细化学分析(包括利用传统载体法和放射化学分析法)表明,铀核吸收中子后分裂几大块,如钡(Ba)、镧(La)和铈(Ce)等。在裂变时有大量能量释放,这就是原子弹和原子能发电站能源的来源。

大概有半个世纪之久,物理学家一直把中子、质子视为基本粒子,20世纪60年代初,类似的"基本粒子"数目甚至增加到50余种了。但是,很快人们发现,中子、质子以及此类称为强子(hadron)的基本粒子都是有结构的,均由现在我们称为夸克的粒子构成。在20世纪60年代前后,物理学家利用加速器和现代检测仪器对所有"基本粒子"进行一场最严格"甄别"审查,其中最著名的就是高能电子深度非弹性散射实验。从此中子、质子等强子就称为亚原子粒子。只有电子、中微子等轻子经受住考验,既无法将它们粉碎,也没有发现任何证据表明它们存在结构。

这样一来,基本粒子的桂冠,从中子、质子一类强子头上纷纷坠落下来。只有轻子们头上的鲜艳桂冠依然耀人眼目。尤其是电子自1897年被发现以来,整整一个世纪过去了,其桂冠依然不可动摇,可谓老牌基本粒子。

当然,新贵骄子"夸克们"风头正健,基本粒子的桂冠,自然"非君莫属"(参见图2-6)。目前已发现的轻子和夸克有12种。英格兰脍炙人口的英雄史诗

"亚瑟王的 12 个圆桌骑士"，一直引人入胜。新时代粒子王国正好也是 12 位骑士(参见图 2-7)：上夸克(u)、下夸克(d)、粲夸克(c)、奇异夸克(s)、顶夸克(t)、底夸克(b)，以及电子(e)、电子型中微子(ν_e)、μ子(μ^-)、μ子型中微子(ν_μ)、τ子(τ^-)、τ子型中微子(ν_τ)。

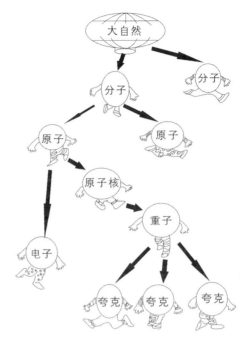

▲ 图 2-6　今日基本粒子桂冠落入谁家

▲ 图 2-7　基本粒子王国的 12 骑士

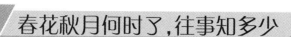

春花秋月何时了,往事知多少
——粒子王国的"兴亡"

翻开基本粒子的王国史,探索基本粒子的道路漫长而又曲折,可谓路漫漫其修远兮。从古希腊时期到公元 10 世纪左右,大多数人还相信构成物质的基本元素是泥土、空气、火和水;直到 19 世纪和 20 世纪之交,100 种左右的化学元素被认为是物质的基本构成;在 20 世纪 60 年代,人们普遍认为中子、质子、π介子等几百个强子和少数轻子是所谓基本粒子;夸克模型提出以后,多年的实验表明,基本粒子的类型有 12 种,即三代轻子和夸克(每代有两种轻子和两种夸克)。

▲ 图 2-8　粒子王国千古"兴亡"

公元前 2500—前 2400 年间,希腊人断言自然界基本元素(element)只有 4 种(亦即相应的原子——斯时的基本粒子):泥土、空气、火和水。稍后有人又加了以太(aether),原意是高空,据说是一种弥漫整个宇宙的作旋涡运动的球形的无重物质。引入以太，是为了显示全能的上帝的作用。其后的炼丹术士们，如 1330 年波努（P. Bonus）在其著作《新宝珠》中又加进一种新的元素硫黄，并称之曰"土的脂肪"。

在炼丹士看来，水银应是所谓控制性元素，赋予物质以金属化的各种属性，例如在贱金属"铅"中加进适量的水银，铅就会变为昂贵的"金"了。中外炼丹术士们，从我国的魏伯阳（东汉）、葛洪（东晋）到阿拉伯的贾比尔（Geber，约 720—800）和中世纪欧洲的炼丹术士，所孜孜追求的，就是这种"点石成金"术，相信硫黄有此奇妙功能。16 世纪，近代科学黎明曙光初现的时候，瑞士医生（也是杰出的炼丹家）巴拉塞尔苏士（Paracelsus），最后添上一种控制元素——盐，认为盐赋予物质以抗热性。

当然，从今天看来，这是一幅错误的图画，然而，这凝聚了人们对于微观世界结构及其变化规律认识的努力。我们确实看到，对于基本粒子的讨论，已渐渐从哲学家的思辨论题转变为实际物质研究的现实课题。基本粒子的概念在古代和中世纪带有许多神秘色彩，笼罩在炼丹炉的袅袅青烟中。近代科学昌明，终于到了揭开它们的层层神秘面纱的时候了。

英国化学家玻意耳在 1661 年发表的《怀疑的化学家》一书，第一次对"元素"给予了明确的界定，元素是"基质"，可以与其他元素相结合而形成化合物，而元素本身不可以再分解为更为简单的物质了。这是科学史上重要的一年，被称为近代化学诞生的年代。1789 年，法国大革命爆发的那年，法国科学家拉瓦锡出版了历时四年写就的《化学概要》，列出了第一张元素一览表，元素被分为四大类，汇编了当时已知的 33 种元素。当然其中也有错误，如认为石灰与镁灰为元

▲ 图 2-9　玻意耳（Robert Boyle，1627—1691）

素，而实际上，前者为钙与氧、后者为镁与氧的化合物，如此等等。然而，他在

科学实验基础上提出了化学元素的概念,被认为是近代化学之父。他的悲剧在于因为其包税官的身份在法国大革命期间被处死。

▲ 图2-10　拉瓦锡(A. L. Lavoisier)

▲ 图2-11　门捷列夫(D. I. Mendeleev)

门捷列夫元素周期表发表时(1869年),已发现63种元素。到了1914年,发现元素的数目已达85种。现在我们发现的元素有118种。19世纪人们不知道元素都有同位素,认为一种元素对应一种原子,元素的数目就是原子的种类数,就是当时所谓基本粒子的数目。

电子的发现,是基本粒子研究史上的里程碑。可以毫不夸张地说,今天基本粒子中资格最老的成员就是电子。1897年英国科学家汤姆逊在阴极射线中发现电子。当时汤姆逊先生才41岁,不过已是蜚声四海的科学家了,时任卡文迪什实验室主任,沉着、稳健,精通牛顿等创立的经典物理。他没有想到,他发现的电子,破灭了原子"不可分割"的神话,随之经典物理的整个哲学体系崩溃了。

电子发现以后,尤其是卢瑟福的实验以后,所谓太阳系的原子模型慢慢地取得世人公认。在开始时大多数物理学家是以极其冷淡和漠视的态度对待这一模型,像安德雷德(E. N. da C. Andrade)所评述的,这"似乎是一个很难碰到的,在另一个星球上发生的,遥远的理论问题"。1914年,人们讨论原子核的构造时,想到100年前英国化学家兼医生普劳特(W. Prout)的一个推断,即所有原子(元素)均由氢原子组成,将氢原子核命名为质子(proton,源于希腊文,意为基础,同时也有 prout 谐音)。

人们设想每一种化学元素由唯一的原子所组成,原子核由质子构成,周围有电子。这实际上是物理学中微观结构的革命性变化。现在呈现在人们面前的是一幅多么和谐而简洁的结构图像:所有物质均由两种基本粒子——电子与质子所构成。基本粒子王国发生戏剧性的"精简":由济济一堂的 85 种元素转眼间变成两种粒子。一切令物理学家、哲学家十分惬意。

好景不长。在 1920 年,卢瑟福构想了中子的存在。卢瑟福察觉到:如果原子核也由电子与质子构成,原子核似乎难以稳定,而且原子核的总自旋并不等于组成原子核的电子与质子的自旋(spin,我们在以后章节还要介绍)呀!因此,卢瑟福推测,自然界还存在一种质量与质子相近的不带电的粒子,他甚至给这个尚在未知之天的粒子,赐予佳名"中子"(neutron)。

1930 年,德国物理学家玻特(W. W. G. Bothe)及其学生贝克(H. Becker)用α粒子轰击铍(Be),发现不带电的极强的辐射。法国物理学家约里奥—居里夫妇用玻特发现的辐射轰击石蜡,发现有质子被打出来,说明辐射能量极高,甚至铅块也无法屏蔽这一辐射。但是,约里奥—居里夫妇不约而同地得到结论:这是高能γ辐射(光子束)。

一个伟大的发现,与他们失之交臂,擦肩而过。实际上,只要他们稍加分析,就会发现他们的结论与动量守恒矛盾,这是中学生也不会犯的常识性的错误呀!难道他们没有听说卢瑟福的中子假说么？或许听说了,但没有认真对待？

值得一提的是,我国"原子弹之父"、杰出物理学家王淦昌,当时(1930 年)正在柏林大学的梅特勒女士手下工作。他听说玻特的实验后,印象极为深刻,认为这个贯穿力极强的辐射未必就是γ辐射,并提出改进实验的建议,请求梅特勒重新进行实验,以核查自己的猜想。可惜才华横溢的梅特勒女士(她深受爱因斯坦推崇,被认为其才华甚至超过居里夫人)没有同意王淦昌的建议。

查德威克(Sir L. Chadwick)与他的老师卢瑟福,获知约里奥—居里夫妇得到的结果,十分激动。当时他们正在利用其他实验手段寻找"中子",于是,他们重做约里奥—居里夫妇的实验和其他相关实验,经过严格而认真的验证工作,终于在1932年2月,给英国《自然》杂志去函,宣告:"铍的辐射是由质量与质子相等但不带电的粒子构成。"

查氏采用卢瑟福的叫法,依然称这个新发现的粒子为中子。1932年,前苏联科学家伊凡宁柯(D. D. Ivanenko)与德国科学家海森堡(W. K. Heisenberg)分别独立提出新的核结构模型:原子核是由中子与质子构成。这个模型立即被科学家所接受,也为尔后的核物理实验所证实。模型的基本图像是令人满意的,大体是正确的。

这样一来,基本粒子王国的成员,增加到3个了。至此,我们确定自然界绝大部分物质由电子、质子与中子构成。大自然似乎已经给予我们足够的建造宇宙的砖石了。

出乎人们意料的是,接二连三的粒子如亚原子粒子(subatomic particles)猛然闯入我们的眼帘:1932年,美国物理学家安德逊(C. D. Anderson)发现正电子;1936年,安氏与尼德迈耶尔(S. H. Neddermeyer)发现μ子,除了质量比电子大200余倍以外,其性质几乎与电子完全相同,它的发现是这样"不受欢迎",以致著名实验物理学家拉比(L. Rabi)惊呼:"是谁要这μ子?"然后是1947年鲍威尔(C. F. Powell)发现π介子。新粒子发现的热潮延续到20世纪50年代末。一大批亚原子粒子:π介子、K介子、Λ超子(hyperon,其质量大于中子)、Σ超子(Σ^+、Σ^-、Σ^0)、Ξ超子(Ξ^-、Ξ^0)等等陆续发现,这样一来,基本粒子数目达到30余种。以后,还有一些寿命极短(约10^{-22}~10^{-23}s)的所谓共振态粒子不断进入我们的眼帘,总数为300~400个。自然界会存在如此之多的基本粒子吗?

1964年,夸克模型的问世,提出数目庞大的中子、质子一类的强子是由3种夸克(u、d和s)构成,其中u夸克又称上夸克,d夸克又称下夸克,s夸克又称奇异夸克。实验很快证明,数以几百计的强子确实由三种夸克构成。连同当时知道的4种轻子(e^-、μ^-、ν_e、ν_μ),基本粒子的总数猛然减少到7种。40多年过去了，人们又发现 2 种轻子(τ^-和v_τ)与 3 种夸克（c、b 和 t），其中 c 夸克又叫粲夸克，b 夸克又叫底夸克，t 夸克又叫顶夸克。这样一来，人类公认的基本粒子数目是 12 种。就大多数粒子物理学家而言，觉得似乎不会有更多的轻子与夸克发现了，以致有许多人称这种 6 夸克—6 轻子模型为标准模型（standard model）。

图 2-12 总结了近 3000 年来人们对于基本粒子种类数目认识的大体变化情况。可以说基本粒子桂冠的"鼎革兴亡"，由于概念内涵变化导致的种类数目的涨涨落落，此图便一目了然了。图 2-12 给我们提供的一部近 3000 年的"基本粒子"变迁沧桑史，虽然比不上人类历史的波澜壮阔，却也充满王冠代谢、婉转曲折呢。

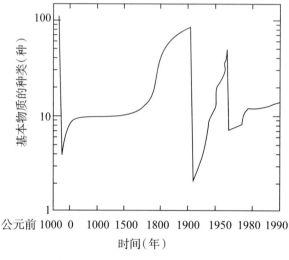

▲ 图 2-12　"基本粒子"数目的变迁

第三章

象喜亦喜，象忧亦忧
——"粒子王国"美的韵律

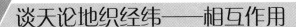

谈天论地织经纬——相互作用

物质世界纷繁的变化,天体的演化,星星的颤动,沧海桑田,花香鸟语,飞禽走兽,千头万绪,但归根结底,取决于物质间的相互作用。天鹅绒般红地毯,婆娑而舞的芭蕾,那动人心弦的舞姿是由音乐的韵律导引的。一部精彩的芭蕾,离不开音乐大师们动人的乐章。我们井然有序的物质世界,梯级式的宇宙构造:星系—星系团—超星系团;层递式的微观结构:分子、原子—亚原子粒子—基本粒子;等等。到底什么是"把这一切编织在一起"的"经纬"呢? 相互作用。

时至今日,物质世界的基本相互作用只发现四种:引力、电磁力、弱相互作用和强相互作用。前两种力人们早就发现,并且很熟悉了。万有引力与电磁力都是我们肉眼所及的宏观世界随时可以查知其存在的。日常生活与天体(宇宙)运行中,引力所起的作用是尽人皆知的了,尤其是在日、月、星辰的运行,宇宙的演化中,引力扮演主要角色。在日常生活中,与人类衣、食、住、行密切相关的一切,电磁相互作用则起着更为重要的作用。电动机、发电机以及电灯、电话、电视、互联网等电子设备,其基本原理都导源于电磁作用。

在微观世界,基本粒子大多数都带电,因此它们之间有电磁相互作用,亦如每个粒子就是一个电荷和小块磁铁,遵循的原理跟我们在课本上学过的电磁原理并没有什么不同。但由于质量很小,基本粒子之间的引力相互作用,比较电磁力或其他的作用是微不足道,实际上在微观世界是完全可以忽略不计的。

强相互作用与弱相互作用均在 20 世纪被发现。它们迟迟未被人们发现,原因在于它们的作用范围异常小。强作用的作用范围不过 10^{-15} 米,而弱相互作用范围更小,只有 $10^{-16} \sim 10^{-18}$ 米,因此两者又称短程力。引力与电磁力的作用强度,都是随作用距离的平方而减少的,比短程力减弱的趋势要慢得多,故两者称为长程力。

四种作用,如果均在 10^{-15} 米处比较它们的强度,强相互作用最强,我们用 1 表示其相对强度,则电磁作用、弱相互作用和引力的相对强度依次为 10^{-2}、10^{-13}、10^{-39}。10^{-15} 米大致与中子、质子的大小以及原子核的尺寸数量级相当。不难想象,强相互作用在核物理与粒子物理中要起主要作用。事实上,原子核之所以如此坚固,就是由于强相互作用的束缚。

原子与分子尺寸约为 10^{-10} 米,即超过强相互作用有效范围有 10 万倍,因此讨论原子、分子的运动变化规律时无需计及强相互作用,遑论弱相互作用了。

与强相互作用相比较,弱相互作用力程更短,而且微弱得多。但在粒子物理中,它扮演的角色却是万万不可忽视的。有的基本粒子,例如轻子(电子、中微子等)就不受强力影响,却受弱力影响。至于中微子(ν_e、ν_μ 和 ν_τ)及其反粒子则只受弱力作用。以后我们欣赏中微子种种奇特的"表演",就会对于弱力的韵律的微妙之处有更深的认识。中子和原子核的放射性的衰变(我们不会忘记贝克勒尔(A. H. Becquerel)、居里夫妇(P. & M. Curie)等的伟大发现吧!),以及基本粒子的衰变,都是通过弱相互作用发生的。因此从某种意义上说,弱相互作用比强作用还具有普遍性。

▲ 图 3-1　四种相互作用力(从左至右依次表示引力、弱相互作用、电磁作用和强相互作用)

表 3-1 总结了以上四种基本力的大致情况。当然,20 世纪多次传来发现其他力的消息,如超弱力等,但都经不起时间的检验。可见,尽管宇宙大舞台上,物质运动形态千变万化,但"支配"或"控制"其变化的节拍和经纬,就只有四种基本相互作用。19 世纪以前,电力和磁力被认为是完全不同的两种作用力。但法拉第和麦克斯韦的研究表明,在本质上它们是一种力,现在统称为电磁力。这是人类第一次成功地将表面上看来不同的两种力统一起来。自

从 20 世纪 20 年代以来，以爱因斯坦为代表的许多科学家，一直致力于实现这样一个梦想：将各种不同的力统一在一个普遍的理论中。最早的设想是统一引力与电磁力，但一直没有成功。20 世纪 60 年代，关于电磁力与弱力的统一理论成功建立，并经受住实验检验。换言之，电磁力和弱力实际上是同一种力——弱电力（electroweak force）的不同表现而已。我们以后还要谈到弱电统一理论。

表 3-1　四种基本力

性质＼类型	引力	弱力	电磁力	强力（核力）
力程（有效作用范围）	延伸到极远，可视为无穷远	大致限于 $10^{-16} \sim 10^{-18}$ 米	延伸到极远，可视为无穷远	大致限于 10^{-15} 米
相对强度（10^{-15} 米处）	10^{-39}	10^{-13}	10^{-2}	1
由此力引起的典型强子的衰变时间		10^{-10} 秒	10^{-20} 秒	10^{-23} 秒
传递此力的粒子（规范粒子）	引力子（没有发现）	中间玻色子 W^+、W^-、Z^0	光子 γ	胶子
规范粒子种类	不知道	3 种	1 种	8 种
规范粒子质量	不知道	约 90GeV	静止质量为 0	静止质量为 0

镜花水月奈何天——对称性

艺术家，如莎士比亚、贝多芬、屈原、李白、杜甫、汤显祖，等等，他们是探求人间与社会的真、善、美的使者，并将这一切展示在我们的面前。科学家、物理学家，则是在自然界的纷繁多变中寻求"规律"与"秩序"，他们寻求自然与宇宙的真谛。但是，随着探索的日渐深入，他们在纷繁中看到了单纯，在变化中捕捉到永恒，在紊乱中梳理出秩序。在无穷地追求和探索中，他们为真理的朴素和单纯的光辉而陶醉、而痴迷，为沉浸在大自然中无所不在的真理的韵律而欢欣、雀跃。

20 世纪物理学的发展,我们的世界,不管是大宇宙还是小宇宙,设计它们的以及洋溢在宇宙的"经纬"——相互作用中的方程,是和谐、韵律,而这韵律、和谐就是对称性(symmetry)。

分形是 20 世纪 80 年代出现的一门新兴的数学科学,其中蕴含的自相似性就是一种对称性。图 3-2 就是科学家用软件绘制的分形图案。难道我们不为其艺术魅力而倾倒吗?

▲ 图 3-2 分形图案

什么是对称性呢? 按照英国《韦氏国际大辞典》的定义,"对称性乃是相对于分界线或中央平面两侧物体各部分在大小、形状或相对位置的对应性"。这个定义实质上是指大家所熟知的空间几何对称性。现在科学家把对称性分为两大类:与时间、空间有关的对称性(时空对称性);与时间、空间无关的对称性(内禀对称性)。

对称性的概念在现代科学中已经泛化了,几乎就成了规律与和谐的同义语,极难准确定义。《韦氏国际大辞典》还谈到"对称性是适当或协调的比例,以及由这种和谐产生的形式美",倒是告诉我们,这个概念的引申含义,及其美学属性。

人们进入 20 世纪后逐渐明白，原来这些对称性与自然界最基本的物理定律是紧密联系在一起的。例如，物理规律的空间平移对称性（或称不变性）导致物理系统的动量守恒。什么是空间平移不变性？就是说，我们把观察者在空间平移一个地方，物理规律是不会改变的，如牛顿三定律无论在地球还是在天狼星都不变。这种对称性又称空间的均匀性。

与此类似的，还有时间的均匀性，或称物理规律随时间平移（无论是唐朝，还是现代，乃至 1000 年以后的 31 世纪）具有不变性，与能量的转换守恒定律相关；空间的各向同性，或称物理规律相对于空间各个方向具有不变性，与角动量守恒定律相关。

▲ 图 3-3　蝴蝶和石墨烯的对称图像

动量守恒、能量守恒与角动量守恒是自然界最基本守恒定律，迄今尚未发现有任何破坏这些定律的迹象。这就导致物理定律在自然界的普适性和可重复性，即无论宇宙中何时、何地和何方向，这些规律都不会变化，都有效。

迄今为止，我们讨论的对称性都称为连续对称性，因为它们可以用无穷小运动而实现，如无穷小的空间平移、空间转动或时间移动等。几何对称最为常见，在几何对称性中最有趣的也许要算镜像对称，或左右对称性了，如图 3-3 所示。图 3-4 显示的是具有轴对称性的碳纳米管。图 3-5 则显示的是具有空间平移对称性的立方晶格。

▲ 图 3-4 碳纳米管轴对称图

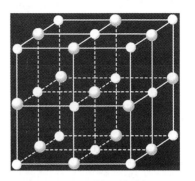
▲ 图 3-5 立方晶体结构图

图 3-6 所显示的泰姬陵显然有一个中轴面。建筑左、右两部分相对于中轴面显然是对称的。因此称为左右对称。同时，如果以水面为中轴面，泰姬陵建筑的本身与其在水中的像，相对于水面也是完全对称的，因此称为镜像对称。实际上，整个画面，如果把中轴面想象为一面镜子，左边（或右边）建筑物在此镜中的像，正好与右边（或左边）建筑物完全一样。

▲ 图 3-6 泰姬陵图

可见左右对称，实质上就是镜像对称。这种对称，只要一次变换，即以中轴面为镜子，镜像与原物就具有镜像对称。这种对称是以可数的分立变换（分立变换就是跳跃性的变换）实现的。镜像对称性只需要一次变换就可以了。

▲ 图 3-7 四个叶片的风车

图 3-7 中的四个叶片的风车,具有所谓四重对称性(图中黑点表示风车的轴,它是垂直于纸面的)。就是说,风车在绕轴转动 90°、180°、270° 和 360° 后,其形状与未转动时的形状一样,即图形不变。显然,正五角星具有五重对称性。由此看来,对称性往往导致不变性。反之,不变性往往蕴藏某种对称性。

值得注意的,还有时间反演不变性。什么是时间反演呢? 就是让时间倒流,比如将电影片倒过来放,所看到的就是时间反演后发生的事。许多物理过程,尤其是微观现象都具有时间反演对称性。图 3-8 中左图表示在电场中运动的电子,右图表示在时间反演后(即所谓 T 变换),只是运动倒转方向,轨迹依然不变。换言之,时间反演前后两者运动轨迹相同(运动方向则反向),我们叫该过程具有时间反演不变性。实际上,经典力学和经典电动力学的规律,既具有镜像对称,又具有时间反演的不变性。

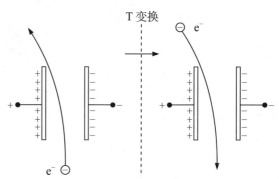

▲ 图 3-8 在电场中运动的电子及其反演

直到 1956 年,物理学家一直理所当然地认为自然界的规律,应该是不会有"偏爱"左或者右的情况发生。难道用右手坐标系描写物理现象,会比用左手系描写的有所不同吗？在量子物理诞生以后,镜像对称性会得到一个新的守恒律——宇称(parity)守恒。

简单地说,宇称守恒要求自然界所发生的一切,在镜像世界对应的过程也应该真实存在,如图3-8所示。上帝总不是左撇子或右撇子吧,宇称守恒简直被视为神圣的戒条。

1956年6月,中国人杨振宁、李政道发表一篇历史性的论文,对于宇称守恒的普遍性提出质疑,并且提出了解决有关问题的实验构想。我国著名的物理学家吴健雄很快就用巧妙的实验证实了他们的质疑的正确性。换言之,在微观世界涉及弱相互作用的现象,例如β衰变等,宇称就是不守恒的。或者说,弱相互作用有关的物理现象是左右不对称的,而且上帝确实偏爱"左撇子"。消息传来,犹如晴天霹雳,轰动物理学界。进入新世纪前后,发现有可能存在为数极少的右旋中微子,但这并不改变现象的左右严重不对称。这里澄清一个问题,杨、李在撰写论文,以及次年荣膺诺贝尔物理学奖时,并未加入美国籍。

▲ 图3-9　杨振宁(左)、李政道(中)、吴健雄(右)

石破天惊起惊雷——上帝竟然是左撇子

20世纪50年代以后,人们发现的强子越来越多,其中有两种粒子当时称为τ(切勿与今天的τ轻子混淆)和θ,其质量和寿命完全一样,照理说应为同一种粒子。但前者衰变为 3 个 π 介子,后者衰变为 2 个 π 介子。根据量子理论,τ 与 θ 的宇称应相反,即一为负一为正,似乎又像是两种粒子。这就是当时著名的 θ−τ 之谜。1956 年 4 月,在美国纽约州的罗切斯特召开的国际高能物理会议上,针对这个问题,众说纷纭,莫衷一是。

李政道、杨振宁高瞻远瞩,灵思飞扬,终于"参透"玄机。他们分析,以前认为是证实镜像对称——宇称守恒的物理现象,要么是属于电磁相互作用过程,如原子的光发射和吸收;要么是强相互作用支配的过程,如原子核的碰撞、核反应等。实际上弱相互作用过程中,宇称守恒并没有经过实验验证。τ 与 θ 粒子的衰变正好是弱相互作用过程。也许弱作用中宇称不守恒吧!

李、杨两人找到当时誉称"实验核物理的无冕女王"吴健雄女士,验证他们的大胆设想。吴健雄与其夫袁家骝博士以及华盛顿国家标准局一批低温物理学家合作,终于在 1956 年 12 月证实弱相互作用过程中宇称不守恒。随后,哥伦比亚大学的莱德曼(L. Lederman)、IBM 公司的加尔文(R. L. Garwin)等各自在相关实验中证实吴健雄的发现。原来 θ 与 τ 介子就是同种粒子,现在称为 K 介子,其寿命只有 10^{-19} 秒。既然衰变时宇称不一定要求守恒,那么既可以衰变成 2 个 π 介子,也可以是 3 个 π 介子。

吴健雄在约 10^{-2} K 的极低温度下,研究了 ^{60}Co 的 β 衰变,

$$^{60}Co \rightarrow {}^{60}Ni + e^-(电子) + \bar{\nu}_e$$

反中微子 $\bar{\nu}_e$ 难以测量。由于温度低,钴核的热运动极其微弱,吴健雄用螺旋线圈中电流产生强磁场,比较容易地使钴核的自旋方向沿磁场方向整齐排列起来(用术语说叫作极化)。这是实验成功的关键之处(参见图 3-10)。

吴健雄发现,衰变时所发射的电子的运动方向是有规律的,大多集中在与钴核自旋相反的方向发射。这意味着什么呢? 镜像对称性的破坏,宇称不守恒。试看图 3-11,图 3-11 的左边表示的是吴的实验结果,其中 β 粒子的动量方向 p 是电子发射集中的方向,此方向飞出的电子数目比相反方向飞出的电子数目大致要多 1 倍,说明电子的发射大多集中于钴核自旋相反的方向。图 3-11 的右边是其镜像世界(即镜像对称成立的情况),^{60}Co 核的自旋方向不

变，但电子运动方向相反，也就是说，此时电子大多将集中朝着与^{60}Co核自旋方向相同方向发射。我们知道，真实情况正好相反。现实世界与镜像世界的物理规律发生变化。换言之，实验证实宇称并不守恒。

宇称不守恒的发现，轰动一时。学术界激动非常，著名理论物理学家戴逊（Freeman Dyson）说，这是在物理学中发现的整个新的领域！我们还要加一句，吴健雄准备了半年，实际实验时间不过15分钟，这一短短时间却改变了人类对自然界许多根本看法！一时间，家喻户晓，妇孺皆知。著名物理学家徐一鸿（A. Zee）在20世纪80年代中期回忆，当时他还是一个小孩，就听到父亲的一个朋友以讹传讹：两个中国人推翻了爱因斯坦的相对论。尤有甚者，当时以色列的总理本—古里安（D. Ben-Gurion）莫名其妙地请教吴健雄宇称与瑜珈有什么关系。

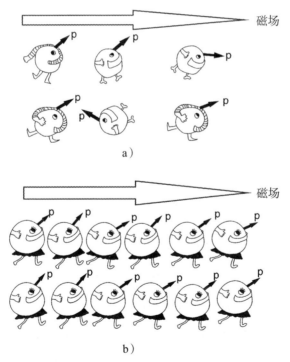

▲ 图3-10　吴健雄在低温下用强磁场使得钴核自旋沿磁场方向整齐排列——极化
a）在常温下　b）在低温下

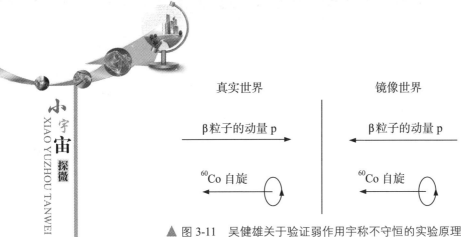

真实世界   镜像世界

β粒子的动量 p   β粒子的动量 p

^{60}Co 自旋 ^{60}Co 自旋

▲ 图 3-11   吴健雄关于验证弱作用宇称不守恒的实验原理图

我们知道，李政道和杨振宁因为弱相互作用中宇称不守恒的工作得到 1957 年诺贝尔物理学奖。我们更应该知道，那位美国物理学会第一任女会长，实验原子核物理学的女皇，姿容雅丽、仪态万方的吴健雄女士的卓越贡献！

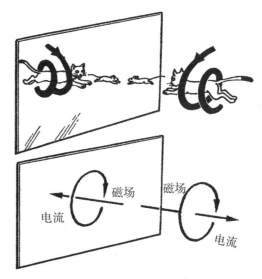

▲ 图 3-12   自然界不存在右旋中微子

溯本穷源，发现中微子本身就是宇称不守恒的根源之一。中微子静止质量为零，永远以光速运动，其自旋为 $\frac{1}{2}$。但自然界只存在左旋中微子，即中微子的运动（动量）方向与自旋方向永远可用左手法则表示。图 3-12 上图中猫跑的方向表示动量方向，螺旋箭头表示中微子的自旋方向，猫运动的方向与电流旋转方向构成所谓左旋。与左旋中微子的自旋方向一样，其镜像则是右旋中微子。图 3-12 下图表示在镜像电流改变了方向，磁场的方向仍然不变，则螺旋性反向，左旋变右旋，容易看出其镜像是右旋中微子。但是自然界并不存在右旋中微子，正是宇称不守恒的表现。因此，凡是与中微子有关的现象，宇称均不守恒难道不是意料之中的事么？

最近传来中微子有少许质量的消息，并不改变以上论述。因为少许质量只容许自然界可能存在极少量的右旋中微子，其数目远小于左旋中微子，还是不对称，左旋占优势。

物理学家把这种左旋性，又称为左手征性(left-handed)。手征者，手的纹络也。左手征与右手征并不是镜像对称。手征性、螺旋性还有正式的术语：chirality 和 helicity，后者可是世界物理学的顶级权威杂志《物理评论》所认可的呀！

著名的物理学家泡利(W. Pauli)幽默风趣，曾调侃问道："我不相信上帝竟然会是一个左撇子！"看来，他竟不幸而言中了！

城门失火，殃及池鱼——余波殃及反物质世界

20 世纪 20 年代中期，量子力学的基本方程——薛定谔方程以及海森堡矩阵方程已经建立起来了，但是美中不足的是，这些理论都是非相对论的。他们建立的方程不满足相对论的要求，就是说，在所谓相对论洛伦兹变换下，方程所描述的规律会发生变化。用更通俗的话说，这意味着不同的惯性系物理系统的动力学规律会不一致，光速不变原理(在任何惯性系，光速保持不变)也遭到破坏。这些方程描写低速运动的粒子问题不大，但对于高速运动的粒子，不考虑相对论效应不能不说是一个重大缺点。

除此之外，这些方程在处理带电粒子(如电子、质子等)之间的电磁相互作用，是当作库仑力来处理的。我们知道，所谓库仑定律描述电磁作用，就像牛顿引力定律描述引力作用一样，作用力的传递是"瞬间"实现的，完全不花

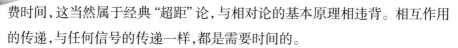

费时间,这当然属于经典"超距"论,与相对论的基本原理相违背。相互作用的传递,与任何信号的传递一样,都是需要时间的。

美国戈登(E. U. Condon)与克莱因(O. B. Klein)最早尝试把狭义相对论与量子力学结合起来,其时在1926—1927年。但是由于他们的方程本身的一些问题,如存在负几率(有 -0.3 的"机会",意义何在),再加上当时没有发现方程对应的微观粒子,戈登—克莱因方程并未引起人们重视。

1928年,英国物理大师狄拉克(P. A. M. Dirac)时年26岁,刚荣获剑桥大学物理学博士学位不久,已发表《量子力学的基本方程》、《量子代数学》等蜚声科坛的论文多篇,于1928年又建立了满足相对论要求的量子力学方程,即今天广为人知的狄拉克方程。这个方程奇妙之处在于,电子只要满足相对论要求,必然具有自旋,必然有一个很小的磁矩——自旋。更加奇怪的是,方程除一个解就是我们熟知的电子以外,还有一个所谓"负能解"。负能有什么意义呢?

▲ 图3-13 狄拉克(1902—1984)

1928年12月,狄拉克提出所谓"空穴"理论解释。狄氏称,"真空"应理解成负值的能级完全被电子占据的状态。这种真空态中处于负能级的电子观察不到,而且永远也不能观察到。因此这种真空又称狄氏海洋。但是,如果我们用足够能量的光子,如其能量超过 2×0.51 兆电子伏的光子碰撞(电子质量为0.51兆电子伏),就能"产生"1个普通电子和1个"空穴"。真空中的"空穴",怪哉!"无中之有"吗?

这里"无"空穴代表电子占据负能级的状态。但是,难道"有"空穴代表电性与电子相反(即带正电)的某种粒子占据正能级的状态么? 当时知道的带正电的粒子只有质子,因此狄拉克认为"空穴"就是质子。1931年,德国大数学家、物理学家魏尔(C. H. H. Weyl)与美国年轻物理学家奥本海默(J. R. Oppenheimer，后来的"原子弹之父"）分别指出，"空穴"质量应该与电子质量相同，不可能是质子。1931 年 9 月，狄拉克从善如流，改而大胆预言，所谓"空穴"乃是尚未发现的一种新粒子，其质量、自旋等性质与电子完全相同、唯独带正电的新粒子，命名为反电子。他进而断言，质子也有反粒子存在。电子与反电子、质子与反质子相遇，会全部转化为能量，以高能光子的形式，辐射出去。

狄拉克悲观地预计，反电子的发现要等待 24 年！ 1932 年 8 月，美国物理学家安德逊利用云雾室拍摄宇宙射线照片，发现反电子。他在《科学》上发表的论文最后写道："为了解释这些结果，似乎必须引进一种正电荷粒子，它具有与电子质量相当的质量；……"1933 年 5 月，安德逊称这种新粒子叫正电子（"正'是正负电荷的正），英文"positron"，就是 positive（正）与 electron（电子）的混合。这样，狄拉克提出自然界中还存在正反粒子对称或电荷共轭（C）对称的理论得到实验证实，尽管安氏当时并不知道狄氏预言。

随着亚原子粒子发现得越来越多，其相应的反粒子也相继发现，人们终于领悟到所谓电荷共轭原理是极其普遍的原理。所有的亚原子都存在相应的反粒子（一般是电荷相反），这些反粒子可以构造反原子、反分子，形成一个反物质世界。

1995 年 5 月，欧洲核子中心利用氚原子与反质子对撞，成功产生 9 个反氢原子，这是世界上首次人工合成反物质。

1996 年，美国费米国立加速器实验室成功制造出 7 个反氢原子。

1997 年 4 月，美国天文学家宣布他们利用伽马射线探测卫星发现，在银河系上方约 3500 光年处有一个不断喷射反物质的反物质源，它喷射出的反物质形成了一个高达 2940 光年的"反物质喷泉"。

1998 年 6 月 2 日，美国发现号航天飞机携带阿尔法磁谱仪发射升空。阿尔法磁谱仪是专门设计用来寻找宇宙中的反物质的仪器。然而这次飞行并没有发现反物质，但采集了大量富有价值的数据。同年，费米实验室产生了 57 个反原子。

2000 年 9 月 18 日,欧洲核子研究中心宣布成功制造出约 5 万个低能状态的反氢原子,这是人类首次在实验室条件下制造出大批量的反物质。

2004—2007 年,美国费米实验室 RHIC-STAR 实验装置采集到大量的反超氚核,这是人工制造的反奇异夸克物质。我国上海应用物理研究所的科学家参加了相关的研究工作。

2010 年 11 月下旬,阿尔法国际合作组宣布,反氢原子研究成功。他们声称将 38 个反氢原子俘获在阱中长达 170ms 之久。从而为反氢原子的光谱特性的研究提供了坚实的实验条件,尤其是充分的测量时间。几周以后,CERN 的 ASACUSA 合作组宣布在制备反氢原子束流方面获得重要突破。此前人们还只能说"看到"反粒子,现在凭着自己的智慧"创造出"反物质,并且逐步探索和研究反物质的特性。

正电子是世界上第一个被理论预言并迅即在实验中发现的粒子,也是庞大的反粒子世界中第一个闯入我们眼帘的使者。可以毫不夸张地说,正是狄拉克用笔尖发现魅力无穷的"反世界"。无怪乎,英国皇家学会将这一发现誉为"20 世纪最重大的发现之一"。物理大师海森堡则宣称:"我认为反物质的发现也许是我们世纪中所有跃进中最大的跃进。"

在天文学史上,23 岁的英国大学生亚当斯(J. C. Adams)与法国的青年助教勒威耶(U. J. J. Le Verrier)在 1845—1846 年,借助于牛顿力学预言太阳系中还应存在第八个行星,并经过德国天文台的卡勒(Karrer)的观察发现海王星的佳话,流传至今 150 余年,人们百谈不厌。相形之下,比起"笔尖下发现海王星",更加动人、更有价值的狄拉克"在笔尖下发现反世界"的故事,反倒不大为一般人知道,莫非是"阳春白雪,和者盖寡",自古而然。

关于反物质问题,下面还要叙及。我们所关心的是宇称不守恒怎样殃及反世界。原来电荷共轭对称,更具体地说,是将一切粒子换为反粒子(反之亦然)物理规律不变,相应的物理过程也有一个守恒定律,即电荷共轭宇称守恒。实验证明,凡是电磁相互作用和强相互作用引起的物理过程,不仅宇称守恒,电荷宇称也守恒。如图 3-14,其中电子 e^- 变为正电子 e^+,正、反电极也互换了。

显然电荷共轭变换(C 变换)前后,e$^-$与e$^+$的运动轨迹完全相同。这表明电磁作用与牛顿力学确实具有电荷共轭不变性。

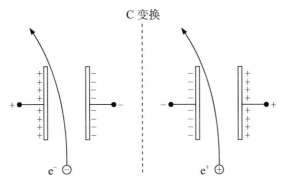

▲ 图 3-14 电磁相互作用过程遵从 C 变换对称

但是考虑弱相互过程,电荷共轭不变性就有问题。我们已经知道,与中微子有关的弱过程的宇称不守恒。事实上,左旋的中微子,如 v_e,在 C 变换下(参见图 3-15),应变为右旋的反中微子 $\bar{v}_e$。但自然界尚未发现右旋的中微子这一事实有力证明,弱作用过程中电荷共轭宇称不守恒,即变换对称性被破坏了。

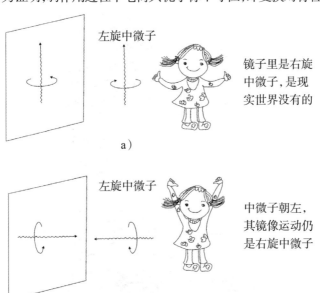

▲ 图 3-15 变换下左旋的中微子变成右旋的反中微子

事实上,早在1956年夏天,李政道和杨振宁已收到美国芝加哥大学奥默(R. Oehme)的一封信,信中就鲜明提出这个问题。

你看,原来是左、右对称王国中发生的风波,弱相互过程中宇称不守恒,就这样殃及正、反粒子对称王国,相应的弱过程中电荷共轭宇称守恒也被破坏了。要知道,C变换尽管与镜像对称变换一样属于所谓分立对换性,但是却与时间、空间无关,是一种内禀对称性。

图3-16就是用C变换作为镜子的若干亚原子粒子的镜中影像(限于版面未画第三代轻子τ^-、ν_τ及其反粒子)。其中3种中微子及其反中微子$\bar\nu$就ν与$\bar\nu$表示。当然,我们应记住,这里的镜像与物是相对而言的。

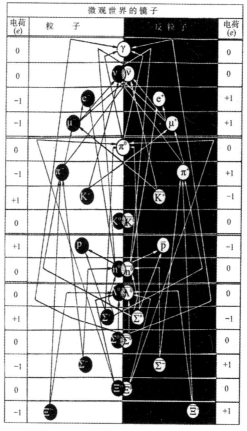

▲ 图3-16 亚原子世界的C镜图像

佛国香界说天堂——CPT 定理

李政道与杨振宁在 1956 年圣诞节前夕，提出所谓 CP 联合对称原理：满足该原理的物理过程，遵从 CP 宇称守恒。实际上，他们提出了一种神奇的 CP 魔镜。在这个镜子中，粒子的像，是其反粒子的像；反之，反粒子的镜像就是粒子的。换言之，所谓 CP 变换，要先将相关的反粒子变换为正粒子，然后再进行镜像变换。他们当时设想，弱相互作用在 CP 变换下，应具有对称性。事实上，左旋的中微子经 CP 变换不正好变为右旋反中微子吗？自然界存在的反中微子不正好具有右手征性么？参见图 3-17。后来的实验表明，一般的弱相互作用过程中，CP 宇称确实是守恒的。我们试以加尔文等的 π 介子衰变为例加以说明。实验可写作

$$\pi^+（静止）\rightarrow \nu_\mu + \mu^+（左旋）$$

测得的 μ^+ 全部是左旋。这个过程如图 3-18a 所示。如进行 P 变换（对应于图 3-18a），则应有右旋 μ^+ 放出。这与实验结果不符，即此时不存在镜像对称。如进行 CP 变换，则相应的反应为

$$\overline{\pi}^+（静止）\rightarrow \overline{\nu}_\mu + \mu^-（右旋）$$

用图 3-18b 可表示之。实验上证实 $\overline{\nu}$ 的衰变放出的 μ^- 全部右旋。这表明对于弱相互作用在 CP 变换下具有对称性。

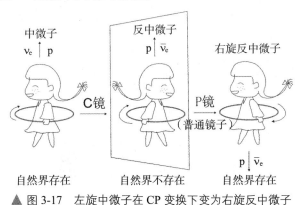

▲ 图 3-17 左旋中微子在 CP 变换下变为右旋反中微子

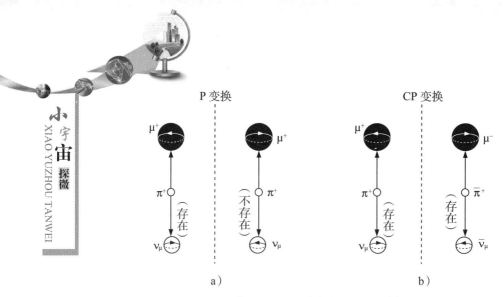

P 变换　　　　　　　　CP 变换

a) 　　　　　　　　　　　　b)

▲ 图 3-18　$\pi^{\pm}$ 衰变遵循 CP 对称性

如果引入 CP 魔镜（对称性）以后，大自然似乎又恢复了这种"特殊左、右对称性"。为了公道起见，应该指出 CP 宇称的引入中，前苏联科学家朗道（L. D. Landau）与巴基斯坦科学家萨拉姆（A. Salam）都作出过贡献。

正当大家沉浸在对 CP 魔镜的赞美之中，杨振宁于 1959 年 11 月在普林斯顿大学一次演讲中，甚至还兴致勃勃地举出荷兰错觉图形大师埃舍尔（M. C. Escher, 1898—1972）一件出色的作品（参见图 3-19 左下）。这幅画本身与其镜像并不相同，但是把镜像中的两种颜色互换一下，两者就全相同了。联系到以后夸克模型中，"互补"的两种颜色代表正、反两种夸克。这种颜色互换颇有 C 变换意味呢。

▲ 图 3-19　荷兰画家埃舍尔及其蕴藏 CP 组合对称作品

但是，好景不长，1964 年普林斯顿大学的菲奇（V. L. Fitch）与克罗宁（J. W. Cronin）宣布，他们发现 K 介子的一种特殊衰变，违反 CP 不变性。原来按照

CP 对称性要求,K 介子将衰变为 2 个 π 介子。但是,普林斯顿小组却发现为数不多的 3 个 π 介子事例,大致占总衰变事例数的 0.3%。

情况变得更加微妙了,就是说,"自然"在绝大多数情况是正常的保持 CP 守恒,但是偶尔也忽然干一点违背 CP 守恒的事,弄得追求完美的物理学家们不知所措。几十年过去了,实验物理学家们,除在 K 介子衰变以外,几乎没有发现其他 CP 不守恒的事例。

关于 CP 破坏的根源一直是一个谜。许多人认为,可能存在一种新的超微弱力,导致 CP 破坏。1988 年,欧洲核子中心的实验表明,这种超微力不存在。但 1990 年美国费米国家实验室的科学家则宣称,他们的实验表明,不排除超弱力存在。

由于事例稀少,实验很难做,大家继续测量所谓 CP 破坏参数,但欧洲人与美国人的实验结果不一致。"官司"几乎年年打,一直到 1999 年 3 月 1 日,美国费米国家实验室宣布,他们测得的此参数为 $10^{-3} \sim 10^{-4}$,与欧洲同仁的一致。这是 CP 研究的重大进展,至少我们可以排除超弱力的存在。这样一来,CP 破坏到底如何产生,谜底至少减少一点不确定性。

1980 年,由于实验上发现复合 CP 宇称不守恒这一重大贡献,菲奇和克罗宁分享了当年诺贝尔物理学奖。尽管 CP 破坏起源依然笼罩在迷雾之中,但是宇宙学家普遍认为,我们宇宙的演化中,CP 破坏扮演过十分重要的角色。目前宇宙中物质与反物质分布如此不对称,也许正是 CP 破坏在宇宙演化的某个阶段起作用的原因。前苏联著名科学家、氢弹之父萨哈罗夫(A. D. Sakharov)在这方面就有过贡献。

在微观世界中,通常 "T 反演对称性" 是成立的。所谓 T 对称性,表示如果让时间倒流(电影倒放),物理规律保持不变。在宏观世界,时间是不可能"逆转"的,你不能"起死回生""返老还童",也不能将倒掉的水收回来,所谓"门前流水尚能西",无非诗人的浪漫情怀而已。但是在微观世界,"时间的方向性"就失去了绝对的意义了,只存在过程的彼此平等的正、反方向。

我们试看图 3-8 电子通过正、负极板中的电场。T 变换使终点变成起点,但是电子运动仍沿原来的路径反方向运动。这说明,通常力学与电磁学规律具有 T 不变性。强相互作用与绝大多数弱相互作用过程,都未发现 T 对称破坏的情况。

但是菲奇、克罗宁等发现 CP 不守恒,终于使物理学家领悟到,这实际上也意味着 T 对称性的轻微破坏。就这样,物理学家"自愿"放弃 T 守恒定律。到此为止,我们发现在自然界中不但单纯的宇称不守恒,就是 CP 联合变换也不完全守恒,是否还存在普遍的分立守恒定律呢? 或者可以问是否可以找到某种神秘的魔镜,自然界的所有现象对于魔镜来说其镜中的影像都是存在的呢? 答案是有!

所幸的是,物理学家还有"最后的天堂"没有失去,这就是"CPT"定理。这个定理是泡利和小玻尔(A. N. Bohr)在 1955 年提出的。它是现代高能粒子物理理论的基石之一。顾名思义,CPT 定理就是将 CP 变换再与 T 变换组合起来,在这种复合变换之下,物理规律保持不变。CPT 用术语说也是分立变换,形象地说,是物理学家特别"发明"的一面神奇魔镜,镜中的"像"就是将物理过程相继进行 T 变换、P 变换和 C 变换所得到的结果。图 3-20 就是向上运动的左旋中微子经过 CPT 魔镜,最后变成向下运动的右旋反中微子。我们知道,自然界确实存在右旋反中微子。在这面魔镜中,微观世界的"对称性"恢复了。感谢上帝,至今尚未发现破坏 CPT 对称性的实验事实。物理学家们总算还固守着对称王国的这面魔镜。

CPT 定理有许多重要结论,如粒子与反粒子的质量和寿命应该完全相等,而它们的电磁性质(如电荷及内部电磁结构)相反。现代实验表明中性 K 介子 K^0 与其反粒子的质量在精度 7×10^{-15} 之内是相等的,μ 子与其反粒子 $\bar{\mu}$ 的寿命在精度 0.5% 之内是相等的,π 介子与其反粒子 $\bar{\pi}$ 的寿命在精度 0.0275 ± 0.355% 之内是相等的,K 介子与其反粒子 $\bar{K}$ 的寿命在精度 0.045 ± 0.39% 之内是相等的。现代实验资料以极高精确度证明 CPT 对称性是成立的。这就是我们赖以暂憩的最后天堂罢。

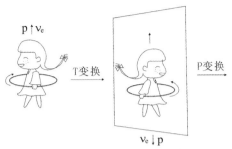

（向下运动的左旋中微子）（向下运动的左旋反中微子）

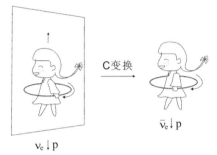

（向下运动的右旋中微子） （向下运动的右旋反中微子）
自然界不存在

▲ 图 3-20 物理学家的 CPT 魔镜

但是,在更精确的测量时,正反物质其质量寿命等性质是否完全相同,正是 21 世纪物理学面临的重要挑战。最近,在 2010 年希腊雅典召开的中微子研讨会,费米实验室的 MINOS 实验组宣布了一个可能表明中微子与其反粒子之间的重要差别的结果。这一令人惊奇的发现,如果被进一步的实验所证实的话,会有助于物理学家探索物质与反物质之间的某些基本差别。MINOS 实验组对粒子加速器产生的中微子束的振荡问题,进行了高精度的测量。在离产生中微子加速器约 7.5 千米的 Soudan 矿井中的探测器测量结果表明,μ子反中微子与 τ 反中微子的（Δm^2）值为 $3.35 \times 10^{-3}\text{eV}^2$,比中微子的要小 40%。2006 年费米实验室测量得到上面两种中微子质量本征态之差的平方（Δm^2）为 $2.35 \times 10^{-3}\text{eV}^2$,这个结果的置信度为 90%~95%。这一结果如果能够得到进一步的证实,将对局域相对论的量子场论和标准模型产生重大影响,但为了证实这一差别不是由于统计涨落误差所造成的，还需要更高的置信度。大自然对于正物质和反物质似乎同样眷顾，两者许多性质相同；但似乎又表现出偏好，两者在宇宙中分布的巨大差异和性质上的可能的微小差异都说明这种微妙的情况。

话说回来，就目前的实验数据来看，CPT定律依然应该视为是自然界的普遍守恒定律。在更精细的程度上有没有定律破坏的情况，尚有待证实。总而言之，看来，我们的世界在概貌上是简单的，须知一切简单的东西都是具有对称性的。自然界中许许多多对称性就是世界简单性的反映，大至宇宙小到微观世界，处处具有对称性的反映。然而许许多多的对称性往往在更精确的测量下，显示出稍微的破坏，就是说在细节上却处处显示异常的复杂性。许许多多对称性的"破缺"，对称魔镜的"失明"，就是这种复杂性的生动写照。在探索微观世界的征途中，对称性及其破缺的问题实际上是我们面临的最关键的问题，在某种意义上来说，他们是指路明灯。

第四章

轻子世界漫游

踏遍青山人未老,轻子家族留晚照——轻子家族素描

梨花一枝春带雨,悠悠梦里无觅处——笔尖下冒出来的幽灵粒子

语小,天下莫能破焉——轻子是基本粒子

忽兮恍兮,其中有象,恍兮忽兮,其中有物——中微子振荡

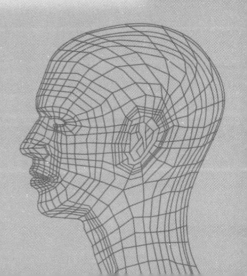

踏遍青山人未老,轻子家族留晚照
——轻子家族素描

现在我们开始基本粒子王国的漫游。这个王国真是神奇奇特的地方,因为王国一半——轻子世界,我们早就与之打过交道,但是王国的另一半——夸克世界,却是我们直接观察不到的"隐形世界",所谓"空山不见人,但闻人语响"。让我们先从轻子世界启程。

轻子世界的臣民有电子、μ子和τ子,以及相应的三种中微子。可以毫不夸张地说,今天基本粒子中资格最老的成员就是电子。正如我们在第二章所说,1897年汤姆逊就在阴极射线中发现电子。当时汤姆逊先生才41岁,已是蜚声四海的科学家了,时任卡文迪什实验室主任,沉着、稳健,精通牛顿等创立的经典物理。他没有想到,他发现的电子,破灭了原子"不可分割"的神话,随之经典物理的整个哲学体系崩溃了。

他的学生卢瑟福又发现原子核、质子,以后人们又发现中子。有一段时期,人们认为电子、质子和中子,就是所谓基本粒子,由它们这些"砖块"堆砌成宏观世界的金字塔。质子与中子构成原子核,又统称核子。核子几乎比电子的质量大2000倍。电子与质子带的电量是相等的,但是电荷的符号相反:电子带负电,而质子带正电。实际上,我们周围的世界,几乎完全由这3种粒子构成。

1934年11月,日本大阪市一位28岁的理论物理学家汤川秀树(Hideki Yukawa)为了解决中子与质子之间相互作用问题,提出应有一种传递核力的媒介粒子——介子(meson)(参见图4-1)。

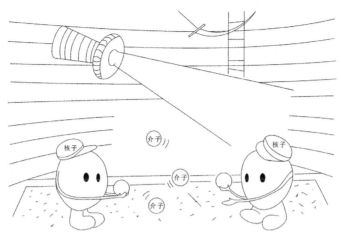

▲ 图4-1　核力靠交换"介子"而传递

根据海森堡的测不准关系,汤川估计这种介子的质量是电子质量的 200 多倍。海森堡关系

$$\Delta E \cdot \Delta t \sim h$$

其中 h 是普朗克常数。如果认为 Δt 是介子传递时间,并且设介子传递速度为光速 c,其数值应为 $\Delta t \approx \dfrac{\Delta l}{c}$ 大致等于核力范围(10^{-15} 米)与光速的比。容易估算"介子"质量大致等于 $\dfrac{\Delta E}{c^2}$ (爱因斯坦质能关系 $\Delta E = mc^2$),即 200~300 电子质量。

1936 年,经过 3 年努力安德逊和尼德迈耶尔利用云雾室在宇宙射线中发现一种质量与汤川预言相近的带电粒子,都以为那就是汤川介子。但经过测量发现,这种粒子的寿命很长,约 2 微秒(2×10^{-6} 秒),完全不参加核力作用,当然也就不会是汤川预言的"介子"。换言之,它是物理学家以前不知道,而且谁也没有想到的不速之客。这种新粒子后来定名为 μ 子(记作 μ⁻),其物理性质与电子完全一样,仅质量稍大一点,以致有人又称它们为重电子。μ 子是我们发现的第二种轻子。

一个电子与一个质子结合为氢原子。如果用 μ 子换上电子,会形成特别的原子——μ 氢原子。我国已故高能物理学家张文裕在 1948 年首先发现这种特别的原子。

所幸的是,汤川预言的介子,总算在 1947 年由英国物理学家鲍威尔(C.F. Powell)等利用他们发明的照相乳胶技术在宇宙射线中找到了。其质量为电子的 273 倍,寿命只有 2×10^{-8} 秒,后定名为 π 介子。

电子与 μ 子质量较小,因此统称为轻子(Lepton),Lepton 系由希腊文 Leptos 衍生而来,有小、细和轻的意思,又有最不值钱的硬币之意。然而世界上的事,无奇不有。1975 年美国斯坦福加速中心(SLAC)的马丁·佩尔(Martin L. Perl)领导的研究组(简称 SLAC/LBL)利用 SPEAR 正负电子对撞机发现第三种带电的轻子,质量为质子的 1.9 倍。根据拉比迪斯(P. Rapidis)建议,新粒子用希腊字母 τ^- 表示,取意为第三之义,即第三种带电的轻子。1977 年,欧洲科学家在德国正负电子对撞机上进一步提供 τ^- 存在的证据,打消了人们前此存在的种种疑虑。

必须指出,美籍华裔科学家蔡永时(Y. S. Tsai)对于 τ 轻子的发现做出过杰出贡献。他在 1971 年撰文题为《在 $e^+e^- \rightarrow L^+L^-$ 过程中重轻子的衰变的相关性》,预言有重轻子存在的可能性,质量应为 1.8 吉电子伏(后来发现 τ^- 的质量为 1.777 吉电子伏),并指出发现该子的可能途径,以及相应的各种衰变模式。建立了一整套的相关理论体系。其时蔡也在 SLAC 工作,其建议完全被佩尔等接受、采用。以致以后在轻子的研究中,几乎无人不引用蔡的文章。所谓"无 τ 不蔡"的佳话,就此流传天下。

τ^- 的性质,几乎与 e^-、μ^- 完全一样。让人吃惊的是,其质量却是异常的大,几乎是质子的 2 倍,电子的 4000 倍! 其寿命只有 10^{-13} 秒,通过弱相互作用衰变,如

$$\tau^- \rightarrow e^- + \bar{\nu}_e(\text{电子型反中微子}) + \bar{\nu}_\tau(\tau \text{子型反中微子})$$

就其性质,应归于 e^-、μ^- 类的轻子家族,但质量又是如此大,于是便有"超重轻子"这样自相矛盾的称呼。但是,此类不合逻辑但已约定俗成的表述,在物理学或在科学中又何止一处呢!

我国北京正负电子对撞机(BEPL)对 τ 轻子质量的测量做出了具有领先世界水平的杰出工作。自 1991 年 11 月起,我国学者郑志鹏等与美国学者合作,

利用对撞机对τ轻子的质量进行了测量,其结果为

$$m_\tau = 1776 \pm {}^{0.5}_{0.4} (统计误差) \pm 0.2 (统计误差)$$

这个值比原来国际上公认的数值下降了 7.2 兆电子伏,即降低了两个标准误差,精度大约提高了 5~6 倍。这一结果消除了当时学术界的一些分歧,被李政道先生誉为当时 1~2 年间高能物理学界的最大进展。

▲ 图 4-2 三代轻子的合影

我们一般称电子e⁻及其反粒子e⁺为轻子族的第一代(generation),μ⁻及其反粒子μ⁺为第二代,τ⁻及其反粒子τ⁺为第三代。它们的性质极类似,不参与强相互作用,都有自旋,其值为$\frac{1}{2}$,是费米子,遵从泡利不相容原理。奇怪的是,其质量一代比一代大,而且大许多。更加奇怪的是,每个轻子还有一个窈窕玲珑的伴侣——中微子。轻子家族最老的成员电子发现已有 100 年了,可谓踏遍青山人未老。看来我们得好好交代此前已涉及过多次的这种粒子了。

梨花一枝春带雨,悠悠梦里无觅处
——笔尖下冒出来的幽灵粒子

中微子也许是微观世界中最奇特、最富于浪漫色彩的粒子了。有位俄罗斯的女诗人吟颂道:"我爱那被人们满怀着希望预言的、在喜悦中诞生、在温柔中受洗礼的中微子。我爱那能穿透一切的天之骄子——中微子,它能够微笑着穿过银河,哪怕用混凝土来把银河浇铸。我爱中微子!"确实,中微子有着不平凡的身世。

20 世纪 30 年代伊始,英国物理学家艾利斯(C. D. Ellis)在研究β衰变时,发现似乎有一部分能量失踪了:电子从原子核中带走的能量,似乎比它们可能带走的要少;并且每次带走的能量也不相同。重复实验,结果依然如故。艾利斯在第一次世界大战中曾被德军监禁,其物理学知识是同为难友的查德威克在监禁营中亲授(我们知道查氏发现了中子),自然是名师出高徒。他因祸得福,从此成为著名高能物理学家。

β衰变中"能量失窃案"震动学术界,众科学家议论纷纷。量子论的奠基人之一、哥本哈根学派鼻祖玻尔(N. H. D. Bohr)大胆建言,或许在核反应这样的微观过程中,能量守恒定律也像牛顿力学一样不再成立了。玻尔先生作风民主,思想解放,学生中荣获诺贝尔奖者数以十计。他的学生瑞士人泡利是个富于幽默感的乐天派(其时已由于提出"泡利不相容原理"等重大建树名满天下),不同意玻尔的看法。泡利认为,有一种至今未发现的粒子,在原子核衰变时,与电子一道逸出。因此总能量是在电子、原子核与未知粒子三者之间任意分配,就像火药的能量在出自火枪的散弹(数量很多)之间任意分配一样。

这种神秘的未知粒子就像"巴格达窃贼"一样,"带走"一部分能量后,消失在浓黑的夜幕中。可是人们,包括像艾利斯此类精明的物理学家在设计精巧的实验中,怎么会让这些"窃贼"在不知因而不觉中安然漏网呢? 泡利解释,这是因为这种粒子不带电,既不参与强相互作用,也不参加电磁相互作用,通常的测试仪器对它根本无法检测,后来该粒子取名为"中微子"(neutrino),意大利语,原义为小的中性粒子,以有别于中子(neutron),中子原义为大的中性粒子。据说中微子的称呼,是费米接受蓬蒂科尔沃(B.Pontecorvo)的建议后正式提出的。

由于中微子只通过弱相互作用,它们与遇到的电子或原子核相互作用极其微弱,泡利推断这种粒子穿过地球就像旷野行军一样,几乎完全不会受到阻碍。除此之外,按泡利的设想,中微子没有静止质量,换言之,它们像光子一样,永远以光速翱翔在宇宙之中。中微子有自旋,像电子一样是费米子,自旋值为 1/2。

美国小说家约翰·阿普代克(John Updike)在《宇宙的时刻》中歌咏道:

中微子啊多么小,

无电荷来无质量,

完全不受谁影响。

对它们

地球只是只大笨球,

穿过它犹如散步,

像仆人来往客厅,

如日光透过玻璃。

盖尔曼(M. Gell-Mann)认为诗中第三句的"完全"改为"几乎"就更妥了。在这首几乎是唯一关于亚核粒子的诗中,你可以感到诗人的对大自然的迷恋和对探索的执著。

关于中微子的设想早在 1930 年 12 月泡利给一个研讨会的信中提出,并呼吁:"研究放射性的女士们、先生们,建议你们审议我的意见。"但是由于中微子太难捕捉,物理学家许久未能发现其踪影,尽管泡利对其特征已有充分

描述。在长时期的期待而始终不见中微子踪影后，泡利失望了，在一封信中，泡利痛心疾首地追悔道："我犯下了一个物理学家犯下的最大的过错，居然预测存在一种实验物理学家无从验证的粒子。"

泡利过于悲观了，1952 年阿仑（J. S. Allen）与罗德拜克（G. W. Rodeback）用实验初步证实中微子存在，1956 年雷尼斯与柯万终于利用核反应堆俘获到中微子。雷尼斯等利用核反应堆作为极强的中微子的"源"：每秒钟通过 1 平方厘米的中微子竟达 5 万亿之多。为了抓获中微子，他选用氢核作靶核。将 200 升醋酸镉溶液，装入两个高 7.6 厘米、长 15.9 厘米、宽 10.8 厘米的容器，夹在 3 个液体闪烁计数器中。闪烁液体在射线作用下，能发出萤光。

雷尼斯等在 1956 年俘得的有关中微子反应是

$$\bar{\nu}_e（反电子型中微子）+ p（质子）\rightarrow n（中子）+ e^+（反电子）$$

该反应的计数率是每小时 2.88 ± 0.22 个。就是说，1 小时捕捉到的中微子不到 3 个，可以说，绝大部分的中微子都"安然"脱网了。感谢上帝，幽灵粒子总算抓住了。泡利先生真是洞若神明，在笔尖下侦破β衰变能量失窃案，准确地查明了巴格达窃贼——中微子的踪迹。经过 26 年，"窃贼"被验明正身归案了（严格说是反中微子）。

与此同时，戴维斯在长岛的布鲁克海文实验室验证，中微子与反中微子有无区别，会不会像光子、π^0 介子一样，其反粒子就是其自身。精密的实验表明，中微子与反中微子是不同的粒子。

1958 年，美国人凡伯格（G. Feinberg）分析了当时有关中微子的实验，其中包括我国学者肖健在 20 世纪 40 年代末有关μ子衰变谱的工作。肖健先生首先正式提出有两种中微子（ν_e，ν_μ，电子型与μ子型）的假说。此前日本著名物理学家坂田昌一亦有类似的说法。

1962 年，美国物理学家莱德曼（L. M. Lederman）、许瓦兹（M. Schwartz）和斯坦伯格（J. Steinberger）在长岛的布鲁克海文实验室 33 吉电子伏的加速器上证实 ν_e 与 ν_μ 确实是两类不同粒子。他们因此荣获 1988 年诺贝尔物理学奖。

20 世纪 70 年代佩尔等发现重轻子τ$^-$后，人们立即察觉到有第三类中微子——ν_τ(τ子型中微子)存在的实验事实。20世纪90年代初,巴里什(B. C. Barish)和斯特诺衣诺夫斯基(R. Stroynowski)在《物理报告》上发表长篇综述,分析对τ子寿命的测量,以及许多相关实验。中国高能物理研究所组织编写,广西科学技术出版社1998年出版的《北京谱仪正负电子物理》一书,载有大量关于粒子物理的最新实验数据和研究成果,其中也有关于τ子型中微子的许多具有国际领先水平的工作。

现在用氘的β谱尾端拟合,得电子型中微子,$m_{e_e} < 2.2\text{eV}$,双β衰变得到$m_{\beta\beta} < 0.35\text{eV}$,宇宙学给出中微子质量0.7~1.8eV,威尔金森微波各向异性探测器给出$m_\nu < 0.23\text{eV}$。进入新世纪以后,尤其是中微子振荡的发现,确定中微子静止质量大于零,如以ν_1,ν_2和ν_3表示第一、二和第三代味本征态,相应质量为m_1,m_2和m_3,θ则表示混合角。目前测量结果为:

$$\text{tg}\theta_{12} = 0.40;\ \sin^2 2\theta_{23} = 0.30;\ \Delta m_{12}^2 = 8 \times 10^{-2}\text{eV};\ \Delta m_{23}^2 = \Delta m_{13}^2 = 2 \times 10^{-3}\text{eV}$$

这里ν_3与ν_τ之间存在密切关系,他们之间由所谓质量矩阵联系。我们不去考虑测量的技术细节,用通俗的话来说,新的实验确凿无疑的证实了ν_τ的存在,而且确定了它的质量。

2000年夏美国费米实验室的DONT协作组正式宣布,直接观察τ中微子。欧洲核子中心的大型正负电子对撞机的实验资料与理论预测完全一致,τ中微子的存在完全证实。

就这样,与三代轻子e^-、μ^-与τ^-对应,我们又发现与之对应的三代中微子ν_e、ν_μ与ν_τ。当然,相应的反粒子e^+、μ^+与τ^+也有同样对应关系。总而言之,轻子大家族总计12个成员,至今就完全团圆了。迄今为止所有的高能物理实验,精确到10^{-18}m,尚未发现它们具有

电子

▲ 图4-3　资格最老的基本粒子——电子

内部结构,用术语说,就是它们都是类点粒子。它们均为名副其实的基本粒子。其中电子已发现 100 余年了,基本粒子的王冠稳定如故,堪称目前"在位"的基本粒子诸君之首了。

语小,天下莫能破焉——轻子是基本粒子

1990 年 2 月,美国《科学》杂志发表一篇令人感兴趣的文章,文章题目叫《单个基本粒子结构的探索》,作者迪迈尔特(H. G. Dehmelt)系华盛顿大学教授,素以对基本粒子的精密测量闻名于世。此文轰动一时的原因之一,是该文报道迪氏成功捕捉到一个正电子,居然成功地将它保存长达 3 个月之久,这是前所未有的技术成就。我们知道,正电子与自然界处处皆是的电子相遇,立刻就会湮灭,转化高能光子辐射,从而消失得无影无踪。因此,从来没有人保存正电子超过 3 秒钟,如今竟然"成活期"达到 3 个月。迪氏钟爱之至,赐予该正电子芳名"普里希娜"(Priscilla)。

他说:"这个基本粒子被赋予的种种特性,大体上完全是新的,因此应该像为宠物取名一样,赐伊以芳名,并希望得到世人承认。"

Priscilla 为英语中淑女名字。迪氏为这个正电子取这个名字,足见其宠爱之深。迪氏使用的技术就是诺贝尔物理学奖获得者、美籍华裔朱棣文等发明的"激光冷却与囚禁"技术,兹不赘述。

我们现在说电子之所以是类点粒子,是因为现代的所有实验事实,都没有实验发现电子的有限大小有任何影响。迄今为止,没有发现将电子视为点粒子的量子电动力学与实验之间有任何不符之处。量子电动力学的理论预测,如兰姆(Lamb)能级移动(考虑到所谓真空极化后类氢原子光谱的一种超精细移动)、反常磁矩(由于所谓辐射修正,使得电子的磁矩与狄拉克预言的稍有差异,即比玻尔磁子稍大),以及电子碰撞深度非弹性结构函数(电子的周围也有许多虚粒子云,因此有电磁结构,在高能非弹性碰撞时得到的结构函数可以反映电子的电磁结构)无标度性的发现(是电子类点性的直接反映),

在实验精度 10^{-9}~10^{-12} 之间,实验与理论完全一致。从这些实验来看,所谓带电轻子的半径至多不过 10^{-20} 米。

从间接实验事实推断,轻子的半径即使不为零,也小到难以想象的地步。例如,迄今未能发现反应

$$\mu^- \longrightarrow e^- + \gamma$$

的事例;从某些理论估算,轻子的半径也许要小到 10^{-26} 米。总之,我们目前无妨把轻子看成质点。

▲ 图 4-4 普里希娜小姐安然无恙

话再说回来,迪迈尔特宣布测得所谓回转磁因子 $g=2.000000\,000116 \pm 6 \times 10^{-11}$,实验精度提高到 10^{-12}。此时理论值与实验值有点差异了,大致为 1.16×10^{-10}。所谓回转磁因子就是粒子的固有磁矩与其自旋比。狄拉克预言电子的回转磁因子为 2。

此处的出入为所谓电子的有限大小造成的。容易估算出,相应电子(正电子)的半径约为 10^{-20} 厘米。

如果迪氏测量正确无误,则意味着电子内部极有可能有更小的组分粒子

存在。根据量子力学的测不准原理估计,它们组分粒子的相互作用至少是现在强相互作用的 107 倍。不难想象,这是何等巨大的新能源。新世纪以来,2010 年以波尔(R. Pohl)为首的瑞士保罗·谢勒研究所的国际团队选择奇特μ氢原子来测量其兰姆能级位移,进一步提高了测量的精度。应该指出领导这一测量的科学家叫做迪麦尔特,于 1989 年荣获诺贝尔物理学奖,同时获奖的还有哈佛大学的拉姆齐(N. Ramsey)和波恩大学的保尔(W. Paul)。瑞典科学院宣称获奖的原因是表彰他们在发展高精度原子光谱中所作的巨大贡献。这些工作是对狄拉克反粒子理论的支持,尤其是对于所谓 CPT 对称理论的巨大支持。看来魔镜对称王国最后的天堂确实固若金汤!

▲ 图 4-5　保尔研究组采用的关键性激光设备

目前公认的看法是,轻子是没有内部结构的类点粒子,其中半径至多不过 $10^{-18} \sim 10^{-20}$ 米。迪氏分别测量了电子的回转磁因子(记作 g^-)与正电子的回转磁因子(记作 g^+),发现在误差范围之内,两者完全相等

$$\frac{g^+}{g^-} = 1 + (0.5 \pm 2) \times 10^{-12}$$

我们在研究兰姆能级位移时,提到了"真空极化"和"辐射修正"。但是,什么叫"真空极化"

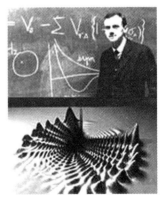

▲ 图 4-6　狄拉克之海

"辐射修正"呢？

原来一切都归因于真空。

现代物理学家发展了狄拉克的真空理论。他们认为，真空并非真正的虚空，而是充满消长、光怪陆离、变化莫测的所在。所有的粒子、粒子—反粒子对等不断地在其中蓦然出现，而又瞬间消失，其中有光子、电子、正电子、μ子、τ子以及介子、重子等等。我们不禁想起"狄拉克海洋"，不过现在更加不可思议、更加包罗万象。原来"无"即是"有"，虚空（真空）包含着自然界存在的"粒子"。这真是一个妖怪的海洋呀！

但是，我们不要忘记所有在妖怪海洋中像泡沫一样，蓦地涌起，须臾消失的粒子，都是所谓"虚粒子"。量子理论允许（就是海森堡测不准关系式）质量为 m 的粒子，可以在时间

$$\Delta t \sim \frac{h}{c^2}（c \text{ 为光速}）$$

内存在。在此时间内，虚粒子不能用仪器直接查知它们的存在。

然而，虚粒子确实存在，而且其作用绝不能忽视。举例说吧，一个电子处于真空中，妖怪海洋中的虚粒子立刻像着了魔法一样，聚集在周围，云环雾绕。我们把这种处于虚粒子云包围的电子叫穿衣的电子，而没有穿衣的电子则称裸电子。现实中的电子都是穿了衣服的"文明"粒子。

▲ 图 4-7　现实中的电子都是穿了衣服的"文明"粒子

所有粒子都接受这种"文明洗礼",有虚粒子云包围。这种"文明洗礼"的产生机制,可以用电介质中电场的"极化效应"相比拟。原来似乎不带电的电介质,在电场作用下正、负电荷会聚集于物体两端,这是我们常见的静电极化(或感应)。因此,我们往往也把粒子在真空中穿衣的现象称为真空极化。

图 4-8 表明,所谓电子真空极化效应,可以视为电子周围被正电子云所包围,这样,电子的电荷部分地被屏蔽起来了。只有利用复杂的现代量子场论,这种效应才能算出。前面谈到的兰姆能级移动、反常磁矩等,都是这种极化作用的反映。由于量子场论,如量子电动力学,都认为基本粒子的尺度为零,即点粒子模型作为出发点的。我们不难明白,实验值如果与场论预期完全相符,就是点模型的证明。反之,根据误差的大小,也可估算出粒子的大小了。

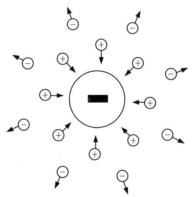

▲ 图 4-8 真空极化效应

到此为止,我们可以有把握地说,轻子家族都可视为基本粒子。

但是对于中微子我们似乎还得多着笔墨,因为这些身世不凡的小家伙,对于太阳的演化,星系的稳定,乃至宇宙最后的归宿都起着举足轻重的作用,因此它们的性质,尤其是质量问题一直牵动着物理学家的心。

忽兮恍兮,其中有象,恍兮忽兮,其中有物

——中微子振荡

20 世纪 80 年代以前,人们普遍认为中微子的静止质量为零,但是 1998 年一声惊雷从国际高能物理会议上传来。1998 年 5—6 月,日本与美国的科学家组成所谓超级神冈协作组(The Super-Kamiokande)在学术会议(6 月 27 日召开的国际高能物理会议)和学术杂志(1998 年 6 月的《科学》)上宣布,他们通过 500 余天的观测,发现中微子具有静止质量。这件事立刻震动科学界,被许多世界传媒,如通讯社、报社、杂志社、电视台等,评为当年的十大科学新闻。严格地讲,他们在不到 1 吉电子伏(大致相当中子质量的能量)的所谓亚吉电子伏能区一直到 100 吉电子伏的高能区,测量大气中的中微子,发现μ子型中微子ν_μ和τ子型中微子ν_τ的振荡现象。所获得的物理数据表明,μ子型中微子ν_μ有静质量,大致为 0.03~0.1 电子伏,相当于电子质量的 2×10^{-10}~1.6×10^{-6}。

▲ 图 4-9 超级神冈协作组中微子检测器

实际上,中微子具有静质量与中微子振荡现象密切相关。中微子振荡的原因是三种中微子的质量本征态与弱作用本征态之间存在混合。中微子的

产生和探测都是通过弱相互作用,而传播则由质量本征态决定。换言之,我们仪器检测到的中微子的质量是弱作用本征态,实际上是三种中微子的质量本征态的混合。所谓质量本征态,就是三种中微子显示的固有质量的状态。由于存在混合,产生时的弱作用本征态不是质量本征态,而是三种质量本征态的叠加。三种质量本征态按不同的物质波频率传播,因此在不同的距离上观察中微子,会呈现出不同的弱作用本征态成分。当用弱作用去探测中微子时,就会看到不同的中微子。这种现象就是所谓中微子振荡。

▲ 图 4-10　太阳中微子在到达地球途中有许多伙伴改头换面

我们以太阳中微子振荡为例说明之。原来太阳中的核聚变与中微子密切相关。我们知道,太阳是地球生命的源泉。到达地球的阳光的热辐射功率大约是 1.7×10^{14} 千瓦,其中有 30% 被大气层反射到太空,余下的 $\frac{1}{3}$ 被大气吸收,$\frac{2}{3}$ 被陆地和海洋吸收。迄今为止,我们人类利用的能源,主要还是古代和现代的太阳能。不要忘记,到达地球的辐射能,只有太阳总辐射量的 4.5×10^{-10}。

太阳能，造福我们的普罗米修斯的天火从何而来？如此巨大能量，一秒钟要烧 1.3×10^{16} 吨煤炭！即令太阳全部由煤炭组成，至多也只维持几千年罢了。可是太阳已存在了 50 亿年，它在不断地辐射光和热，不断地散发生命的光辉。

1937 年，魏莎克尔（C. F. Weizsäcker）找到"天火"之源，就是质子与质子的核聚变。通俗地说，太阳在不断地进行核爆炸。据估计，1 年核聚变损耗的氢的质量约 18×10^{12} 吨，约占太阳质量的 8.2×10^{-11}。

在太阳核聚变中有大量中微子释放出来，估计每平方厘米每秒钟应有 6.6 个中微子穿过。估计方法是采用标准太阳模型，即假定太阳内部密度是每立方厘米 150 克、温度 1.5×10^{7}K，并且含有等量的氢与氦。但是科学家反复探测，发现到达地球的太阳中微子为每平方厘米 2 个左右。问题何在？

▲ 图 4-11　普罗米修斯盗窃"天火"

许多科学家相信，"失窃案"的谜底就是中微子三代之间不断地改变身份，忽而 ν_e 忽而 ν_μ，而后又是 ν_τ，周而复始。这就是意大利科学家蓬蒂科尔沃的中微子振荡理论，文章最早发表在前苏联的学术杂志上，时间是 1967 年。蓬氏也非等闲之辈，乃科学大师费米的高足，戴维斯测量中微子的方法，就是他在 1946 年提出的。中国科学家王淦昌于 1945—1946 年间也独立提出中微子测量方法。1964 年，他利用中微子与 ^{37}Cl（氯 37）的反应捕捉到中微子，并记录到它。大概每 1.8×10^{15} 氯原子可以捕捉到 1 个中微子。戴氏利用同样的方法测量太阳中微子，实验进行 49 次，为时 4 年，结果发现 $\frac{2}{3}$ 的太阳中微子不

翼而飞。

按蓬氏理论很简单就可解释中微子的失踪之谜。由于中微子振荡，我们记录的电子型中微子ν_e，在到达地球的 8 分钟内，有一部分变成ν_μ，另一部分变为ν_τ。戴维斯测量的只是ν_e，自然比预测的少。"谜底"原来就这么简单。

2001 年，加拿大的萨德伯里中微子天文台发表了测量结果，探测到了太阳发出的全部三种中微子，证实了太阳中微子在达到地球途中发生了相互转换，三种中微子的总流量与标准太阳模型的预言符合得很好，基本解决了太阳中微子缺失的问题。必须指出，科学家已发现大气层中微子振荡、核反应堆中微子振荡和粒子束中微子振荡。例如：2000 年，K2K 实验也证实了加速器产生的中微子ν_μ在飞行中丢失，发生振荡；神冈探测器和 IMB 合作组还在 1987 年观察到了 1987A 超新星爆发时产生的中微子，为天体物理、宇宙学的研究提供了重要信息；2002 年 KamLAND 实验也观察到了反应堆中微子(ν_e)的振荡。这些表明中微子振荡是一种普遍存在的现象。

2002 年，雷蒙德·戴维斯和小柴昌俊因在中微子天文学的开创性贡献而获得诺贝尔物理学奖。

第五章

千呼万唤始出来,犹抱琵琶半遮面
——初探夸克宫

现在让我们开始夸克王国的漫游。但是这一次不同于轻子世界的漫游，因为夸克王国是一个隐形世界，对夸克的探索必须经过强子王国，这条迂回漫长的征途。千呼万唤始出来，犹抱琵琶半遮面。透过强子王国的种种奇异的景象，我们可以窥探出夸克小姐们的芳容。

大小相含，无穷极也——曾经辉煌的强子王国

20世纪20年代，物理学家多么惬意呀！对始原物质的探测，似乎已经到达光辉的终极了。人们已发现电子、质子与光子。就通常的物质世界而论，电子与质子就是构造原子核、原子和分子的全部材料。

原子核由质子与电子构成，当时的大多数物理学家笃信无疑。你看在放射性元素核的β衰变中，不就放出了质子与电子么？

但是，那位幸运的战俘查德威克1932年发现了中子，立刻轰动世界。天啊！平白多了一个新粒子，这岂不是大自然中多余的"砖石"么？约里奥—居里夫妇（F. & I. Joliot-Curie）实际上在1年前"发现"了中子的存在，但他们不知道卢瑟福早就预言"中子"的存在，更不相信自然界除电子、质子以外，还有什么多余的"砖石"，而将中子辐射误认为强烈的γ辐射。

但是，物理学家很快从惊愕中清醒过来。中子并非多余的"第三者"，实际上没有中子原子核就不会稳定，尤其是重核。

原来核中的质子都带正电，相距甚近，只有 $10^{-15} \sim 10^{-16}$ 米，可以想象其静电斥力异常强大。电磁力是长程力，即其中某个质子会受到所有核中质子对它的电磁作用。不难估算，重核中一个质子受到排斥力，往往达到几十千克！静电斥力有撕裂原子核的强烈趋向。

后来人们认识到，原子核中的粒子——中子和质子（统称核子）之间存在一种以前人们不知道的力，后来称为核力，其强度极大，大致是电磁力的100倍，但力程短，起着束缚、维持核稳定的作用。每个核子只能影响邻近的核子。

在核中，就是这样依靠强而影响短的核力，与弱但影响长的电斥力相抗

衡。谢天谢地，大部分原子核中，两者势均力敌，旗鼓相当，因此原子核是稳定的。核中的中子，由于不带电，既不产生电斥力，也不受电斥力影响，但是能增加核力的束缚。换言之，在电斥力与核力的对峙中，中子起着制衡的关键作用。

可见，没有中子，就不会有稳定的大自然，尤其是纷繁多样的中、重元素无从存在，我们今天就不会安详地沐浴大自然和煦的阳光，欣赏如此美丽动人的景色，领悟丰富多彩的人生。

中子除不带电以外，其他所有性质均与质子一样，质量略大于质子。质子与电子是稳定的，中子在核中也是稳定的或基本稳定的。但是离开核的自由中子却是不稳定的，其寿命大约 15 分钟。这里寿命的意思是统计意义上的，即在此期间有半数中子衰变。实际上，自由中子是除电子与质子以外，寿命最长的粒子。

中子在原子核电斥力与核力的抗衡中，起着至为关键的作用。在这场搏击中，中子强化核力，帮助原子核的稳定，维系大自然的祥和与繁荣。中子的"参战"，导致在这场至关紧要的拳击赛中，核力不至于居下风。由此可见，中子绝非上帝在构造宇宙中多余的砖石，或科学筵席上贫困潦倒的乞丐，而是科学大厦中尊贵、重要的贵宾。

20 世纪 30 年代，先后发现正电子、μ子。前者掀开了反物质世界的帷幕，关于后者我们在第三章已经知道了μ子及其后τ子的发现。人们不仅在当时没有心理准备，而且至今尚未清楚它们在小宇宙的构成中有什么作用。它们均属轻子，暂时不是我们关心的对象。

1947 年π介子的发现证明了汤川理论的合理性。π介子与核子、电子之类的费米子不一样，是玻色子（boson），其自旋为 1，有π^+、π^-、π^0三种。它的发现也是具有重要意义的，在定性解释核力的产生机制方面，扮演着极为重要的角色。

但是，自此以后，一批不速之客联翩而至。它们的存在是物理学家原来完全未估计到的；其数量之多，行为之古怪，使得人们瞠目结舌，只得连声说：

奇怪！奇怪！原来简洁的基本粒子图像完全破坏了。

这些新粒子包含两大类：比π介子重，但比核子轻的 K 介子，如K^0、$\overline{K^0}$（中性 K 介子的反粒子）、K^+、K^-；还有一类比核子更重的粒子，人们后来称之为超子，如Λ、Σ^+、Σ^0、Σ^-、Ξ、Ξ^-超子等。这些粒子的反粒子以后也相继发现。核子和超子质量一般比较大，统称为重子（baryon）。其中Λ超子和Σ超子，是英国人罗切斯特（G. D. Rochester）和巴特勒（C. C. Butler）于 1947 年在宇宙射线中发现的，K 介子则是 1949 年由布利斯特尔（P. M. S. Blackett）小组在上述工作基础上发现的。Ξ超子则是美国加利福尼亚小组在 1954 年发现的。所有的超子寿命都很短，在 $10^{-10}\sim10^{-11}$ 秒之间，其质量则为 2183~2585 倍电子质量。

物理学家们，像发现新大陆的哥伦布一样，好奇地观察"新大陆"的子民们——这批新粒子的古怪行为：它们毫无例外地都是在强相互作用过程中产生的，而且都成双成对出现（即所谓并协产生），如

$$\pi（介子）+ p（质子）\rightarrow \Lambda + K^0$$

但是其衰变则一律通过弱相互作用过程。其寿命均为 $10^{-10}\sim10^{-11}$ 秒，正好说明这一点。它们的寿命虽然短暂，却是它们产生时的相互作用过程的 10^{14} 倍！

▲ 图 5-1 超核肖像

20 世纪 40—50 年代，物理学家为这些问题伤透脑筋，赐予这些不速之客佳名：奇异粒子（stranger particle）。其中的超子与核子性质相近（都是费米子等），看来像有血缘关系。原子核内可以容纳取代核子的超子，相应的核叫超核。例如中性的Λ超子就可以取代 1~2 个中子，形成所谓超Λ核。

奇异粒子里的 K 介子，更加离经叛道，简直就是亚原子粒子中的无政府主义者。我们已经知道，关于 K 介子中宇称不守恒的故事，后来还听说 CP 对称性破坏的悲剧。它们还有许多稀奇古怪的逸事。例如，有两种中性的 K 介子 K^0 与 $\overline{K}^0$ 互为反粒子。这从它们产生的强作用过程完全不同就可以判别。但在弱作用衰变时，K^0 与 $\overline{K}^0$ 中都包含长寿命的K^0_L与短寿命的K^0_S成分，只是成分不同罢了。K^0_L的寿命是K^0_S的寿命的 581 倍。

1960 年，人们知道的轻子、介子与重子的数目将近 30 种了。大自然的无限慷慨，却令人不知所措，平添许多哀愁。

还有没有基本粒子？ 这不断膨胀的清单，何时"了"？

正当物理学家为奇异粒子煞费苦心的时候，不料更多的寿命更短的粒子——共振态粒子如雨后春笋般涌现。

原来早在 20 世纪 50 年代初，费米、斯泰因伯格（J. Steinberger）在芝加哥大学就观察到这种粒子的迹象：π介子与核子碰撞，其碰撞几率（碰撞几率就是碰撞的机会或碰撞的频率，也称碰撞截面）随π介子能量有明显上升。袁家骝与灵顿鲍（J. Lindenbaum）进一步提高π的能量，几率上升，呈现险峻的峰值后就下降了。这种现象颇像振荡器的辐射频率与发射天线的调谐频率发生共振时，电磁波的强度急剧上升的情况。此时是π介子动能与质子—π介子之间位能发生共振。实际上，π介子在极短时间滞留于质子周围，形成新的复合粒子，但在很短的时间，又衰变为质子与π介子。人们后来称这个短命粒子为Δ^{++}，参见图 5-2，图中纵坐标可以理解为碰撞几率。

依量子理论，一般容易计算出共振粒子的质量与寿命。质量就是π^+与 p 的质心能量，Δ^{++}的质量为 1236 兆电子伏 （图 5-2 中第一共振态）。至于寿命可根据共振峰的宽度估算，一般宽度小（尖锐、峻峭）则寿命长，反之则寿命短。Δ^{++}的宽度Γ约为 115 兆电子伏,相当于寿命$\tau = 5.7 \times 10^{-24}$秒。袁家骝等发现的$\Delta^{++}$是人类发现的第一个共振态粒子。共振态粒子的典型寿命是10^{-24}秒。

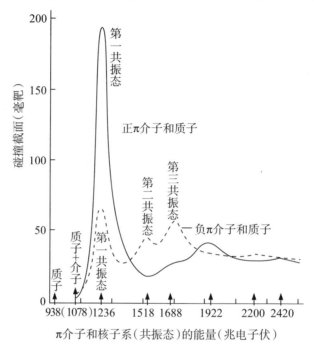

▲ 图 5-2   π介子与质子碰撞的几率随电量变化的规律

20 世纪 50 年代末,人们改进了寻找强相互作用过程中的共振粒子的方法,加上加速器能量不断提高和技术的改进,以及分析、测量仪器的精度提高和改良,共振态粒子大量涌现,让人目不暇接。强子的数目在成倍增长……

最初发现的共振态粒子是两个粒子的复合体,后来发现还有更复杂的复合体。到了 20 世纪 60 年代末,共振态粒子的种类早就突破 100 个了。到了 20 世纪 80 年代初,共振态粒子已有 300 多个,其中介子共振态 100 多个,重子共振有 200 多个。目前共振态粒子恐怕超过 400 大关了吧。

20 世纪 60 年代以后还发现几个寿命在10^{-19}秒以上的粒子:寿命为10^{-19}秒的η介子,以及寿命为0.82×10^{-10}秒的Ω超子。这一类长寿命粒子,包括轻子、重子、光子大约 30 来个,但共振态粒子就有约 400 个。人们称重子、超子和种种共振态粒子等参与强相互作用的粒子为强子。

▲ 图 5-3 新发现的共振态粒子漫天飞舞

难道会有 500 种基本粒子吗？20 世纪 50 年代开始就有人发出疑问并提出所有强子都是由更基本的粒子构成。各种各样的基本粒子的结构模型，如费米—杨振宁模型、坂田昌一(Shoichi Sakata)模型、核子的π原子模型、超子的哥德哈伯(M. Goldhaber)模型、福里斯(D. H. Frisch)对称模型、施温格(J. Schwinger)双重模型等不断问世。强子王国的黄金时代过去了，它们头上的基本粒子王冠摇摇欲坠。

更准确地说，人们怀疑强子是否够资格戴上基本粒子的桂冠。然而对于强子的基本粒子的资格致命的冲击来自于加速器。人们利用加速器在 20 世纪 60 年代发现了强子——首先是核子具有内部结构。

▼ 流水落花春去也，天上人间
——强子的基本粒子桂冠被摘下

1954 年，美国斯坦福大学新的电子直线加速器投入运转。霍夫斯塔特(R. Hofstadter)踌躇满志，准备用电子陆战队猛攻核子——质子和中子，看看它们有没有大小，有没有结构。他实际上是重复 1911 年卢瑟福用α粒子轰击

原子核的实验。不过因为核子即令有大小，也比原子核小得多，因此必然用更精细的探针、更锋利的解剖刀，这意味着必须有更高能量的电子束，能量高达 550 兆电子伏。参见图 5-4。

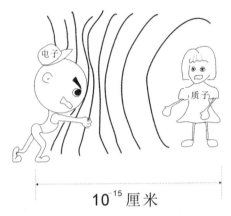

$$10^{-15} \text{ 厘米}$$

▲ 图 5-4　电子"冲击"质子

经过不懈的努力，电子陆战队首批战报传来，电子对核子的弹性散射（在这种碰撞中，碰撞后粒子内部结构不变，只是动量变化）的大量数据表明，质子的周围有电磁结构，其电荷分布在 0.8×10^{-15} 厘米的范围。中子虽然不带电，但具有磁性，其磁矩的分布范围与质子的差不多。这个结果很重要，它表明核子既有大小，又有结构。他的工作，大受人们嘉奖。霍氏因而获得 1961 年诺贝尔物理学奖。

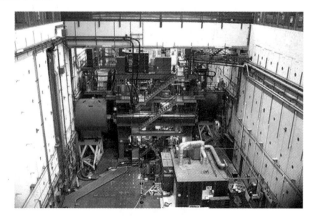

▲ 图 5-5　斯坦福加速器中心

1967—1968年间,斯坦福加速器中心,在24吉电子伏的更高能量下,用电子更猛烈地轰击了质子和中子,反应后质子就不存在了,而会变成其他的强子

$$e + p \rightarrow e + X(强子)$$

这时反应就不是弹性碰撞了,而称深度非弹性碰撞。此时电子的波长极短,可以分辨质子电荷分布的细节了。实验数据的分析异常复杂,但结果却极为简单。对中子亦进行类似的深度非弹性碰撞的实验,结果基本相同。

斯坦福中心的实验首先发现中子与质子都有三个带电的类点结构(中子总电荷为0),费曼(F. P. Feynman)称之为部分子(parton),但它们只携带核子总动量的一半,另外一半动量为其中的中性部分子(连续分布)所携带。现在一般认为,类点结构即所谓价夸克,而中性部分子则是胶子和由胶子产生的夸克与反夸克对,称为海夸克。人们普遍认为这个实验最后为强子的基本粒子桂冠的陨落敲响丧钟,并且是对即将谈到的夸克模型的强有力支持。

强子作为基本粒子的历史,自质子发现,到夸克模型的建立(1964年),只有53年。但是种种原因,如自由夸克迄今未能找到,研究夸克的性质必须以对强子的研究为依托等等,因此直到20世纪80年代人们还常把强子算作基本粒子。图5-7就是氦核的示意图,其中核外有两个电子旋转,核中有两个中子与两个质子,中子和质子都是由三个夸克构成的。

▲ 图5-6　强子的基本粒子桂冠理应摘下

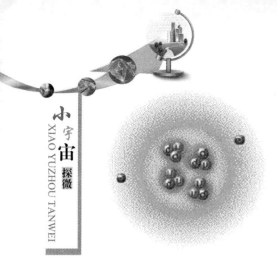

▲ 图 5-7　氦核的示意图（左）夸克模型（右）

春云乍展露娇容——夸克宫一瞥

　　强子的基本粒子桂冠刚刚落下，夸克宫的帷幕隐隐约约地已经向我们展开。夸克模型的理论是 1964 年加州理工学院的盖尔曼与以色列驻伦敦大使馆的武官尼曼（Y. Ne'eman）在 1961 年不约而同地独立提出，其理论的基本框架是所谓 SU(3) 对称性。为了说明这个对称性，我们先从自旋和同位旋对称性谈起，在数学上这两种对称性都用 SU(2) 表示。在量子力学中我们早就知道，自旋为 $\frac{1}{2}$ 的电子其指向只能朝上或朝下，这叫做空间量子化现象。所有自旋为 $\frac{1}{2}$，$\frac{3}{2}$ 及 $\frac{1}{2}$ 奇数倍的粒子叫费米子，自旋为整数的粒子叫玻色子。自旋的单位是 h（普朗克常数）。费米子满足泡利不相容原理，即一个量子态只能容纳一个费米子；玻色子则不然。

　　中子被发现以后，许多人都注意到它与质子太相像了，简直就像一对孪生兄弟。除了质子带电以外，几乎所有的性质都一样，自旋均为 $\frac{1}{2}$，都参

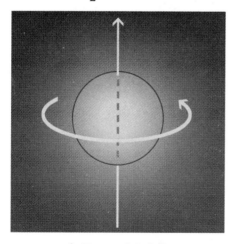

▲ 图 5-8　电子自旋

与强相互作用,质量几乎相同(质子质量 938.2 兆电子伏,中子质量为 939.51 兆电子伏),相差不到 $\frac{1}{1000}$。

1932 年,海森堡大胆提出,大自然在这里昭示一种不同凡响的对称性,不过稍加掩饰而已。如果不存在电磁相互作用,也许质子就与中子完全一样。正是其强度不到核力 1% 的电磁力造成的微小质量差;正是电磁力将大自然蕴藏的这种对称性稍微破坏了,成为一种破缺的对称性。他称这种对称性为同位旋(isospin),与自旋极为类似。自旋也好,同位旋也好,我们都可直观地想象为旋转陀螺。其共同点是只允许存在两种状态:向上或向下;中子或质子。

海森堡大胆假设存在一个同位旋空间。这完全是一个假想的虚拟空间,与现实空间完全没有关系。换句话说,海森堡提示了一种新的内部对称性,与自旋对称性完全不同的一种对称性。对于强相互作用而言,同位旋对称性是完全适用的。核子(N)的同位旋是 $\frac{1}{2}$,它在同位空间有两种基本取向:一是顺着同位空间的取定方向(质子状态,同位旋第三分量 T_3 分量是 $+\frac{1}{2}$);一是逆着这个方向(中子状态,T_3 分量是 $-\frac{1}{2}$)。π介子和 Σ 超子的同位旋是 +1,在同位空间有三种取向,即投影分别为 0,± 1。图 5-9 中 Σ 超子与 π 介子的同位旋为 1,有三个可能的状态($T_3=1,0,-1$),与自旋为 1 的粒子,在真实空间有三种状态一样。

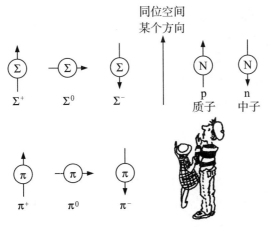

▲ 图 5-9 同位旋空间的质子、中子Σ粒子和π介子

但如果考虑电磁相互作用和弱作用，同位旋对称性就遭到破坏，此时同位旋空间各个方向就不等价了（不是各向同性），原因是不同方向的电磁作用不相同。我们认为核子在虚拟的同位旋空间中，取某特定方向是质子，相反的方向则对应中子。因而就现实世界而论，同位旋对称性，就是近似的或者说是一种破缺的对称性。如果对称是美的话，则破缺的对称性同位旋就显示一种残缺的美。我们试想，断臂的维纳斯、比萨的斜塔不都是在大体的几何匀称外有一点残缺或有一点倾斜吗？"破缺"有时反倒显示别有韵味的不可企及的风范和魅力。如果有一个不懂风雅的鲁莽之士要去添上维纳斯那断臂，就破坏这种特殊美的意境。比萨斜塔的继续倾斜应该制止，但是如果完全扶正了，那就大煞风景、贻笑大方了！海森堡的功绩，不仅在于发现一种新的内部对称性，提示一个虚拟空间，更可贵的是他发现的对称性是人类破题儿头一回遇到的近似对称性。

▲ 图 5-10　断臂维纳斯与比萨斜塔

随着更多的强子问世，同位旋对称性在鉴别它们亲缘关系，对它们进行分类登记发挥巨大作用。原来π介子三兄弟（π^+、π^0、π^-）、Σ超子三兄弟（Σ^+、Σ^0、Σ^-）、Ξ超子两兄弟（Ξ^0、Ξ^-）、K介子两兄弟（K^+、K^0）、Δ共振态四兄弟

（Δ^{++}、Δ^+、Δ^0、Δ^-），从同位旋对称性的观点看都是同位旋的多重态,或者说一个粒子在同位旋空间的不同取向。两者的稍小差异,是由电磁作用引起的。当然也有单身汉或独生子,如 1964 年发现的 Ω^- 超子以及 η 介子、ρ 介子等,它们在同位旋空间中,只有一种可能取向。

同位旋对称性的提出极具革命性,但从数学上来说,其描述方法与自旋完全一样,只是一个是虚拟的内部空间,另一个则是真实空间,两者后来都用一种叫 SU（2）的群的理论描述。这真叫做旧瓶装新酒!

同位旋的概念后来有很大的发展。例如,大家认为轻子家族的电子 e 与电子型中微子都是同位旋的双重态。不过这里的同位旋是相对于电磁相互作用和弱相互作用的。换言之,与上述相对于强相互作用的同位旋对称性不同,这是另一个虚拟内部空间,我们称为弱同位旋空间的对称性。对于弱旋两重态,实际上有三对:

$$\begin{pmatrix} \nu_e \\ e^- \end{pmatrix}, \begin{pmatrix} \nu_\mu \\ \mu^- \end{pmatrix}, \begin{pmatrix} \nu_\tau \\ \tau^- \end{pmatrix}$$

第一代中微子 ν_e 和电子 e^-,同位旋正转代表中微子 ν_e,反转代表电子 e^-。正转粒子所带的电荷(中微子电荷为 0)大于反转粒子的电荷(电子电荷为 $-e$)。

有的人要感到大惑不解了,质子与中子说是孪生兄弟,倒还说得过去,但是像 τ 子质量比核子还重,与没有静止质量的中微子看做同位旋双胞胎,实在难以思议。但是情况确实如此。这是现在粒子物理标准模型的一个重要假设。标准模型在描述现代高能物理现象时极为成功,看来弱同位旋理论是站得住脚的。大家会预计到,描述它们的数学工具,还是 SU（2）群。

后面我们还会讲到现在发现的 6 种夸克,也分成三组弱同位旋双重态。

无极复无无极,无尽复无无尽——八正道分类法

关于强子可能具有内部结构的想法,最早始于 1949 年的杨振宁—费米模型。该模型认为所谓介子并不是基本粒子,核子是基本粒子,认为介子是

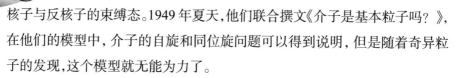

核子与反核子的束缚态。1949年夏天,他们联合撰文《介子是基本粒子吗?》,在他们的模型中,介子的自旋和同位旋问题可以得到说明,但是随着奇异粒子的发现,这个模型就无能为力了。

日本著名科学家坂田昌一在1956年提出了著名的坂田模型。在当时认为的基本粒子中,他认为除了质子、中子以外,还有Λ超子才是真正的基本粒子,由p、n和Λ可以构成其他所有的粒子,包括重子和介子。例如:

$$\pi^+ = (p \quad \bar{n}) \quad \pi^- = (n \quad \bar{p})$$

即由质子与反中子构成,或中子与反质子构成,下类同。介子为两体结构,如

$$K^+ = (p \quad \bar{\Lambda}) \quad K^- = (p \quad \bar{\Lambda})$$

$$K^0 = (n \quad \bar{\Lambda}) \quad \overline{K^0} = (\bar{n} \quad \Lambda)$$

而重子为三体结构,如

$$\Sigma^+ = (\Lambda \quad p \quad \bar{n}) \quad \Xi^0 = (\Lambda \quad \Lambda \quad \bar{n})$$

坂田模型将强子归结为3个基本粒子的不同复合体,自然大大减少了基本粒子的数目。同时在解释强子的性质——自旋、同位旋(强作用)、奇异性(奇异粒子的性质),以及当时观察的一些守恒定律、经验规律(如盖尔曼—西岛关系,具体内容就无法一一介绍了)颇为得心应手。

加州理工学院的盖尔曼与以色列驻伦敦大使馆的武官尼曼不约而同地看出,坂田模型实际上表示了比费—杨模型更为宽泛的对称性。后者与同位旋一样,包含两个对象相互对称性,用SU(2)群描写,而前者则需要更大的SU(3)群描写。群就是描述对称性的数学。尼曼一生极富传奇色彩,是中东战争中屡建奇功的英雄,后来又入阁当过部长。当时他正以退役陆军上校身份任使馆武官,同时却师从物理大师萨拉姆研究物理。他们在1959年日本人池田峰夫、小川修三、大贯义郎和小山口嘉夫分别提出的SU(3)对称性理论的基础上,提出八重道的重子和介子的分类方法。

SU(2)对称性给予我们在众多的强子中寻找"家庭"成员的方法,而SU(3)群则给予我们在强子中寻找"家族"的准则了。盖尔曼、尼曼,也许还应包括坂田本人,果然在强子、重子和介子找到许多这样的家族,有的由8个

粒子组成,叫八重态,有的由 10 个粒子组成,叫十重态,等等。

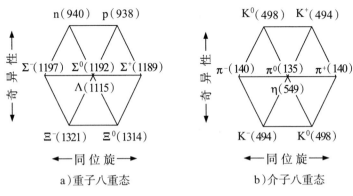

a)重子八重态　　　　　　　b)介子八重态

▲ 图 5-11　两个强子 SU(3)家族

例如在图 5-11 中所表示的一个介子八重态和一个重子八重态。图 5-11a 表示重子八重态,根据质子、中子及其 6 个姐妹,根据其同位旋和奇异性而画在图上,形成了八重态这一几何图形。其中原点表示奇异性为−1,同位旋为零,横坐标表示同位旋的大小,刻度为 $\frac{1}{2}$ 为一格,例如 Σ^+ 的同位旋为 1,其投影为+1,奇异性为−1;p 的同位旋投影为 $\frac{1}{2}$,奇异性为零,如此等等。这里奇异性是表示奇异粒子独特性质的量子数,核子的奇异量子数为 0(非奇异粒子),Σ和Λ的奇异量子数为−1,Ξ奇异量子数为−2。图 5-11b 表示介子八重态,实际上图中的η介子是在该八重态家族确认的条件下,根据八重态法的预言,然后才在实验中发现的。

不出所料,我们原来认为的同位旋双胞胎和叁胞胎都出现在同一家族了。看来 SU(3)确实是比 SU(2)同位旋更广泛的对称性,无须说,SU(3)对称性比 SU(2)对称性更粗糙,破缺得更厉害。自从η介子发现以后,其真实性逐渐得到人们承认。

但是,盖尔曼、尼曼的 SU(3)理论尽管受坂田模型的启发,两者却存在尖锐的冲突。试看,图 5-11a 中的重子八重态,这里 p、n、Λ,坂田模型认为是构成其他强子(包括重子)的基本粒子,但是在此却是以平等身份与其他重

子 Σ^+、Σ^0、Σ^- 和 Ξ^-、Ξ^0 等出现在一个重子大家族中。因此，如果 SU（3）理论成立，则坂田模型的基本观点"p、n 和 Λ 粒子是真正的基本粒子，其他强子均由它们构成"将发生根本动摇。同时坂田模型的主要成果，SU（3）理论也都能得到。但是 SU（3）理论，也有一个先天的缺陷，因为一般来说，SU（2）或 SU（3）群均有 2 个或 3 个基本变换实体（即所谓基本表示），现在 SU（3）所需要相互变换的实体既然不是 p、n 和 Λ，那么到底是什么？ 如果没有变换实体，则一切无从谈起。须知，皮之不存，毛将焉附？

▲ 图 5-12　盖尔曼先生利用八正道法对强子分类

自杨—费米模型建立，基本粒子复合模型的微风起于青萍之末，坂田模型是一块重要的里程碑。坂田始终不渝地宣传基本粒子有无限层次的思想，大大解放了物理学家的思想，鼓励人们探索深层次的物质结构。我们知道，毛泽东对于坂田模型深为赞许，他与坂田君在 1962 年的一席长谈，至今被人们津津乐道。

但是，人们百思不得其解的是，为什么坂田始终未能跨越自己设定的思想戒律——基本粒子就是 p、n 和 Λ，而把思想的锋芒指向深一层次的新粒子呢？ 坂田及其追随者当时丝毫没有感到他们正在上演一幕悲剧。他们沉浸在胜利的喜悦中。

SU（3）理论的创导者，一时十分得意。他们为所谓八分类法取得的成果兴奋不已。这些八重态、十重态，排列成整齐有序的图案。有的正像中国古代的八卦图，颇富于神秘色彩。他们感到，这些井然有序的图形，就是众多强子的周期表。人们都知道门捷列夫将化学元素排列成周期表的故事。

　　盖尔曼风趣地说，所谓八正道，使我们想起释迦牟尼的箴言"是的，世间众生们，有解脱苦难的真谛，即八正道：正见、正思维、正语、正业、正命、正精进、正念、正定"。言外之意，拯救陷于"苦难"的物理学家们，在"整顿"强子归类无门的"混乱"中洋溢着豪情壮志。

▲ 图 5-13　八卦图

　　人们于是把注意力放在八重道分类法，SU（3）中还有一组重子十重态，它们在同位旋—奇异性坐标，理应排列成倒金字塔形（参见图 5-14）。

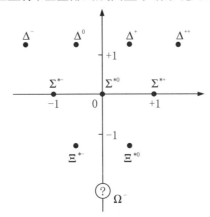

▲ 图 5-14　重子十重态家族中似乎缺少一个成员

　　但是十分遗憾，没有发现金字塔尖的粒子。重子十重态家族中，人们只发现 9 个成员。"遥知兄弟登高处，遍插茱萸少一人。"这缺失的成员到底在

何处呢？

盖尔曼与日本科学家大久保根据八重道分类法，预言这个粒子带 1 个负电荷，质量应为 1683 兆电子伏，其衰变只能是弱作用过程，因而寿命较长，约为 10^{-10} 秒的量级，记作 Ω^-。盖尔曼与大久保大胆地预言了新的粒子，像门捷列夫一样预言新元素，也像天文学家预言了海王星的存在一样。

▲ 图 5-15　Ω^- 超子——夸克王国王冠上的钻石

实验物理学家，按图索骥，加紧寻找 Ω^- 粒子。这真是对 SU（3）理论的严峻考验啊。

1963 年，美国布鲁克海文国家实验室的巴恩斯（V. E. Barnes）等，分析了 10 万多张气泡室的照片，经过周密的测量和计算，终于发现 Ω^- 介子。实验测定的结果如下：Ω^- 的质量为（1622.21 ± 0.31）兆电子伏，寿命为（0.82 ± 0.03）× 10^{-10} 秒。简直与盖尔曼预言的丝丝入扣！倒金字塔尖的钻石找到了，是那样的璀璨夺目，金光四射，富有魅力！这是八重道分类法的胜利，也许它正在把我们引向佛家的极乐胜境吧。巴恩斯等的工作发表在美国《物理评论快报》12 卷 204 页，时间已是 1964 年。

似曾相识燕归来——"原始"夸克模型

如果问夸克王国王冠上的钻石是什么，我们可以说就是Ω超子。王冠既已具备，夸克王国的加冕大典临近了……

SU(3)理论的辉煌胜利，令世人无不为之倾倒。实际上它为强子的分类制定了法规，强子王国的混乱消除了，秩序建立起来了。但是它的先天不足，反倒更令物理学家不安。SU(3)对称性来自何处？ SU(3)就是在3个变换客体之间存在的对称性呀！原来日本物理学家认为这3个客体就是质子、中子和Λ超子，后来被否定了。但是构成所有强子的基本粒子（坂田用的术语）是什么？用术语表示就是，SU(3)群的基本表示到底是什么？

以前人们实际上绕过这个根本问题，把这些基本粒子当作数学上抽象的思维"工具"。也有人称之为"抽象的实体"。实体而冠以抽象，多么别扭！但是，就是建立在如此脆弱基础上的SU(3)理论居然取得如此大的成果。有人不免疑惑，这无源的水，怎么这样丰沛？无本的树，怎么如此繁茂？

是时候了，应该认真考察SU(3)的前提，基本表示（3个基本粒子）到底是什么？否则理论就无法向前发展了。人们不得不再问一句："皮之不存，毛将焉附？"

既然元素周期表中元素性质的周期性，反映元素原子内部结构的周期性（后来发现是核外电子排列的周期性），那么强子的SU(3)的规律性是不是也反映了强子内部结构的规律？斯坦福电子加速直线中心的实验已清楚中子与质子具有内部结构。基本粒子会不会是比强子深一层次尚未为我们发现的新粒子呢？

1964年，盖尔曼与茨维格(G. Zweig)分别独立地提出了这个问题的答案。盖尔曼说3个基本粒子叫夸克，茨维格则称之艾斯(Ace)。取名Ace，是因为扑克牌中"A"牌的牌面有3个符号，他用以表示3种不同的基本粒子。艾斯模型大体内容与夸克模型相同，但表达较为含糊而已！以后人们逐渐都用"夸

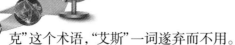

克"这个术语,"艾斯"一词遂弃而不用。

由于自由夸克迟迟未能在实验中观察到,学术界一向又有对于离经叛道的新学说根深蒂固的嫉视的传统,再加上"夸克"所具有的种种奇怪的性质,什么分数电荷呀,不遵从泡利原理呀,当时大多数人都对夸克模型不太在意,夸克模型未能引起重视。盖尔曼其时已是大教授,名声卓著,因此遭遇还好一点。茨维格的道路则甚为坎坷,先是论文无法在欧洲学术杂志上发表,而后在大学讲学又不受欢迎,甚至被资深学者斥之曰"艾斯模型是骗子的产物"。斯人而遭遇如斯,何其不幸!

由于夸克的奇异性质,盖尔曼在表达中也遮遮掩掩,往往引起人们误会。盖尔曼先是公开预言,夸克永远不能被观察到。为此他用了一个"数学上的夸克"的术语,以区别可以观察到的夸克(他称之为"真实的夸克")。盖尔曼事后再三解释,他用语不确切,以致引起人们误会他的原意,以为他不相信夸克的真实存在。

但是,无论如何,在20世纪60年代中期,以上误解并不仅是在通俗作品中出现,在严肃的学术文章和著作中,都是随处可见的。公道地说,盖尔曼当时能够提出夸克模型,不论其表达有否不当之处,其求实创新的精神,对于新事物敏感和探索的勇气,确实是超凡脱俗,十分可贵!夸克模型提出后的半年,在前苏联杜布纳召开的一次高能物理国际学术会议上,有人问盖尔曼:"是否存在夸克?"他答道:"谁知道?"我觉得,这样的事实并不足以抹杀先驱者的丰功伟绩,倒足以说明新思想诞生的艰难,包括发明人的困惑和踌躇。

正当国际学术界对夸克模型怀疑之风劲吹之际,从北京吹来对夸克模型强有力支持的和煦春风。1962年,我国北京基本粒子小组在著名学者朱洪元、胡宁等领导下成立,1965年完成关于层子(straton)模型的论文,并在1966年的国内中文杂志上发表。同时在1966年北京暑期国际粒子物理讨论会与国外学者进行交流。用温伯格(S. Weinberg)的话说:"北京一小组理论物理学家,长期以来坚持一种类似的夸克理论,但称之为'层子',而不叫夸克,因为这些粒子,代表比普通强子更深一个层次的现实。"

总的来说，我国学者比较国际上同行，更明确肯定夸克是真实存在的亚强子粒子，在模型的具体研究中，考虑了相对论效应，得到的许多结果当时在国际上是具有先进水平的。可惜由于闭关锁国的政策，这些工作是在 1980 年才用外文发表，在国际上未能发挥应有的影响。但是必须指出，我国的层子模型采取的相互作用机制是所谓超强相互作用，与现代夸克相互作用的理论——量子色动力学是迥然不同的。

几十年的研究进展，人们已逐渐接受夸克模型，并以充实的实验资料作为基础，发展到目前的所谓粒子物理的标准模型。

我们还是从盖尔曼的原始夸克模型出发，先一睹其芳姿娇容，并探求一下如此绝色佳人，何以当时诘难不断。实际上，盖尔曼早在 1963 年就在酝酿夸克模型，只是他想到为了要与现实强子性质吻合，夸克可能只能带分数电荷而犹豫不决。他在 1963 年 3 月间拜访著名核物理学家塞伯尔（B. Serber）时就敞开心扉，谈到他的想法。至于夸克一名则取自乔伊斯（J. Joyce）的著名小说《菲尼根斯·威克》（《Finnegans Wake》，也译作《菲尼根斯的夜祭》）。其实原来杜撰"夸克"一词并无实在意思，只是音近"quart"（夸脱，酒的计量单位）。而乔氏在书中写道：

Three quarks for muster mark!

Sure he hasn't got much of a bark.

And sure any he has it's all beside the mark.

第一句意义"为检阅者似的马克王，三声夸克！"这里"三声夸克"代表海鸥的叫声。盖尔曼用它们表示 3 种基本粒子，大约基于上述联想吧。3 种夸克，他分别用上（up）、下（down）和奇异（stranger）夸克命名。这些夸克的性质，除电荷而外，与原来的坂田三重态 p、n、Λ十分相近。甚至 u 与 d 夸克也像 p 与 n 一样，是强作用同位旋的两重态，而 s 夸克与Λ超子也具有奇异性。唯独电荷分别为基本电荷的 $\frac{2}{3}$、$-\frac{1}{3}$ 和 $-\frac{1}{3}$，这点令人感到不安。

表 5-1 盖尔曼的夸克模型

性质 \ 夸克	自旋(S)	同位旋(I)	同位旋第三分量(I_3)	重子数(B)	奇异数(S)	超荷(Y)	电荷（单位:e）
u（上）	$\frac{1}{2}$	$\frac{1}{2}$	$+\frac{1}{2}$	$\frac{1}{3}$	0	$\frac{1}{3}$	$\frac{2}{3}$
d（下）	$\frac{1}{2}$	$\frac{1}{2}$	$-\frac{1}{2}$	$\frac{1}{3}$	0	$\frac{1}{3}$	$-\frac{1}{3}$
s（奇异）	$\frac{1}{2}$	0	0	$\frac{1}{3}$	-1	$-\frac{2}{3}$	$-\frac{1}{3}$

对于表 5-1 只需说明，$I_3 = +\frac{1}{2}$，表示同位旋向上；$I_3 = -\frac{1}{2}$，表示同位旋向下。原来的强子中，所有的重子数 B 为 1，其反粒子均为 -1。在强相互作用中，重子数守恒（反应前后）。超荷 $Y = B+S$，无需多说。奇异数 S 是为了表示奇异性的量子数，凡是奇异粒子 $S \neq 0$，而非奇异粒子 $S=0$。

盖尔曼借鉴坂田模型，容易得到所有强子的复合结构。重子均由 3 个夸克复合而成。而介子则由 1 个夸克与 1 个反夸克构成。例如：

$$p = (u \quad u \quad d) \qquad n = (u \quad d \quad d)$$

$$\Sigma^+ = (u \quad u \quad s) \qquad \Sigma^- = (d \quad d \quad s)$$

$$\pi^+ = (u \quad \bar{d}) \qquad \pi^- = (d \quad \bar{u})$$

$$K^+ = (u \quad \bar{s}) \qquad K^- = (s \quad \bar{u})$$

$$K^0 = (d \quad \bar{s}) \qquad \overline{K}^0 = (s \quad \bar{d})$$

特别要注意 Ω^- 的结构

$$\Omega^- = (s \quad s \quad s)$$

夸克模型的问世及其被实验验证，在微观世界的探索上是一个重大的里程碑，它表明又一个新的物质层次被发现了；强子由更基本层次的粒子——夸克构成，就像原子是由原子核和电子构成样。

读者应该注意到夸克模型与坂田模型极其密切的血缘关系，美国东海岸，诸如普林斯顿大学、哥伦比亚大学等等的教授先生们对坂田模型印象太深，他们不同意盖尔曼对于夸克的命名，而径直称 u、d 和 s 夸克为 P 夸克、N

夸克和Λ夸克。他们认为这种叫法顺理成章，觉得加利福尼亚理工学院的盖尔曼的命名法，颠三倒四、不伦不类。但是，美国西海岸的诸公，包括加利福尼亚大学、斯坦福大学等的教授们，则对"夸克"一词颇为青睐，认为其朗朗上口，而且另具新意，遂一致采用"夸克"的叫法。于是加州所在的美国西海岸采用盖尔曼命名，而东海岸的学界诸公则使用自己的叫法。各执一词，互不相让。这种学术名词不统一造成学术交流的极大不便，甚至在有的学术会议上发生为名词而争执不下的事情。

▲ 图 5-16 坂田昌一

在 20 世纪 70 年代初，关于大统一理论问世时，有关夸克的叫法，论文作者都是采用"东海岸"——坂田的命名。其时在东海岸的迈阿密召开的国际学术讨会上，就发生过发言者称 P 夸克，会议主席盖尔曼纠正为上夸克，双方互不买账而难以下台的局面。最后发言人提醒盖尔曼，迈阿密是东海岸，盖尔曼才悻悻作罢。盖尔曼由于提出夸克模型的重大贡献，1969 年荣获诺贝尔物理学奖。

▲ 图 5-17 盖尔曼 80 周岁肖像

这真使我们想起古代巴比伦人修造通天塔，上帝故意使修造者语言不通而使计划破产的《圣经》故事。现在这种名词的不统一持续到 20 世纪 70 年代，东海岸人终于向以盖尔曼为代表的西海岸人屈服。夸克的命名总算统一到盖尔曼命名法之下。

▲ 图 5-18　巴比伦通天塔

我们初访夸克宫首先便发现夸克模型的一个问题。试看非同凡响的 Ω^- 超子，其结构由 3 个相同 s 夸克组成；类似地，还有共振态粒子 $\Delta^{++}=($ u　u　u$)$，由 3 个相同 u 夸克构成（参见图 5-19）。但是早在 20 世纪 30 年代，泡利就提出以他的名字命名的原理：费米子不可能有两个或两个以上处于同一状态。现在 Ω^- 超子与 Δ^{++} 共振态粒子中却有 3 个费米子（自旋为 $\frac{1}{2}$ 的夸克自然是费米子）处于相同状态。这不是公然违反泡利原理吗？泡利原理绝对禁止在一个量子态上存在两个或者两个以上的费米子。

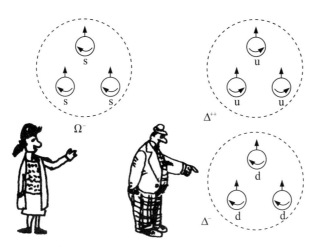

▲ 图 5-19　Ω⁻、Δ⁺⁺与 Δ⁻ 有 3 个相同夸克

美国普林斯顿大学格林伯克（W. Greenberg）与韩（J. Han）、南部（Yoichiro Nambu）提出解决问题的方案。与此同时，我国中国科学技术大学的刘耀阳先生同时也提出类似想法。方案很简单，就是认为现在的每一种夸克实际上分 3 个"亚种"，为了区别不同的亚种，我们认为每一种亚种对应一种颜色。Ω⁻超子中的 3 个 s 夸克，实际上是 3 种不同的夸克，即红色 s 夸克、绿色 s 夸克和蓝色 s 夸克。

注意这里的"颜色"（colour）是表示某种性质的形象说法。当然，Δ⁺⁺与 Δ⁻粒子的 u 与 d 夸克也分红、绿和蓝 3 种颜色，因此它们并不是完全相同的 3 种粒子，也不是处于同一状态，自然不违反泡利原理。

我们千万要注意，"色"并非光学上的"颜色"，在实验上也从未观察到什么"颜色"，只是观察到"色"引起的效应，因此它是夸克内部自由度的反映，其效应只有在强相互作用过程中观察到。

物理学家进一步向画家那里借用术语，反夸克的颜色也有 3 种：反红、反绿与反蓝。这里的反色相当于画家的补色，一种色与相应的补色适量调配得到白色或无色。物理学家认为，红、蓝、绿为三原色，它们等量的调配会得到白色或无色。物理学家认为，无论是夸克与反夸克构成的介子，还是 3 个夸克构成的重子，最后颜色调配的结果，都是无色的了。换言之，现实中的强子

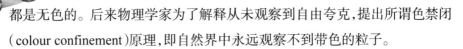

都是无色的。后来物理学家为了解释从未观察到自由夸克,提出所谓色禁闭（colour confinement）原理,即自然界中永远观察不到带色的粒子。

表 5-2　原始三夸克模型

复合色　　色(亚种) 夸克种类(味)	红(R)	绿(G)	蓝(B)
u(上)	u_R	u_G	u_B
d(下)	d_R	d_G	d_B
s(奇异)	s_R	s_G	s_B

也许还要说两句。画家都明白,三原色又叫一次色。但画家的三原色多指红、黄、蓝。原色两两相混产生橙、绿、紫,称为间色,又称二次色。间色继续相混,可产生三次乃至更高次的复色。但是物理学家则从波长角度,多称红、绿、蓝为三原色。两者稍有不同,这可说是一段科苑逸话罢。到底为何有此不同的选择,其中必有深意。

连亚种算上,实际现在有 9 种夸克,见表 5-2。其中u_R是红色上夸克,u_G是绿色上夸克,u_B是蓝色上夸克,d_R是红色下夸克,d_G是绿色下夸克,d_B是蓝色下夸克,s_R是红色奇异夸克,s_G是绿色奇异夸克,s_B是蓝色奇异夸克。

科学家一不做二不休,既然借用"色"表示只会在强相互作用显示其区别（种类）和效应的标记,干脆用"味"（flavor）表示在弱作用和电磁作用中才会有区别的 u、s、d 夸克。

我们初访夸克宫,看到"夸克"身上,"色""味"俱全,芳香四溢,可谓精彩纷呈,美轮美奂,魅力无穷。提醒读者,涉及弱电作用,"味"才起作用;而涉及到强作用,"色"才起作用,有色的粒子有味盲症。

到此为止,"色"的引入好像只是为了规避泡利原理。所谓色禁闭与其说回答何以没有自由夸克这个问题,毋宁只是说现实物理世界中,根本不存在自由夸克,拐了一个弯,换了一个说法而已。色的引入,如果说其作用仅限于此，那么平心而论，从根本上说，没有解决任何问题，太牵强、太不自然。但是物理学家并未就此止步，在"色"与"味"的探索中，一再取得重大突破，直奔粒子物理现代研究的顶峰——标准模型。人们领会"色"的真正物理底蕴，甚至发展起"颜色动力学""味道动力学"两门崭新的物理学分支。原来人们在百无聊赖中引进的微观粒子的新的自由度——色，其实是找到打开阿拉伯神话中无穷无尽的宝藏的钥匙。直到现在，我们还难以说清楚"色"的无穷魅力和自然美。

归根结底，我们要解决的问题是，夸克如何"胶合"为强子的，夸克之间的相互作用，如何导致将夸克"囚禁"起来，以致几十年人们无论如何想尽办法，也无法直接一睹自由状态夸克的芳容。

第六章

美轮美奂 彩色缤纷
——量子色动力学

天接云涛连晓雾——爱因斯坦与杨振宁

东边日出西边雨,道是无晴却有晴——红外奴役与渐近自由

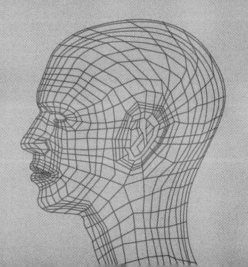

天接云涛连晓雾——爱因斯坦与杨振宁

夸克的"色"引入以后，人们很快发现，夸克之间的相互作用，即强相互作用，核力的全部奥妙原来都蕴藏在这彩色世界，建立起所谓量子色动力学（Quantum Chromodynamics，简称 QCD）。夸克模型的所有问题，或许都可以在其中得到答案。

QCD 的建立，最早似乎要归功于 1972 年盖尔曼引入颜色"量子数"概念，接着 1973 年普林斯顿大学格罗斯（D. Gross）教授及其研究生威尔泽克（F. Wilczek）、哈佛大学科尔曼（S. Coleman）及其研究生波利策（D. Politzer）分别独立地提示 QCD，并发现 QCD 的一个奇怪的重要性质，渐近自由（asymptotic freedom）。QCD 可以定性或半定量地解释许多关于强子内部结构的实验。这是一个里程碑，以前物理学家一直没有找到处理强相互作用的好办法，现在大家感到事情似乎由此走上正道。

QCD 严格说是一种局域对称（local symmetry）的非阿贝尔（Non-Abelian）规范场理论（gauge field theory），而且自此以后物理学家越来越相信，也许自然界所有的基本相互作用都应具有规范对称性，换言之，所有的基本相互作用理论都应该是规范理论。诗人们要说，所有的相互作用中都响彻一种规范对称美的旋律。

但是我们在步入壮丽的规范理论的宫殿前，希望你做好迎接一场术语轰炸的准备。你经历过一大串稀奇古

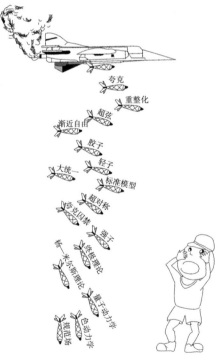

▲ 图 6-1　新奇名词的轰炸

怪的冷僻名词的狂轰滥炸么？什么局域对称、规范对称,还有什么非阿贝尔、渐进自由,等等。新奇的名词还有一大串,但是经历这场狂轰滥炸的洗礼后,你将看到的是精美绝伦的彩色世界。这些新奇名词,不过是展现真理光辉的奇珍异宝,散发美之芬芳的奇葩异卉!

一切看来还得从爱因斯坦的广义相对论谈起。广义相对论的基本思想,就是在弯曲空间中用一个几何变换以"模拟"(等价)实际引力场。由于引力场是随时随地变化的,因此这种几何变换也必须是因时因地而不同的,这类变换用术语来说就是局域(local)变换。

以理想的球形气球为例(参见图6-2),球面上任一点可以用经纬度确定。如果球绕某轴转动,球面上任一点转动的角度相同,相应的转动叫整体(global)变换。就球的几何形状来说,这种转动并未改变球的形状。因此我们可以说这是一种定轴转动变换,而球面相对这种变换具有整体对称性。

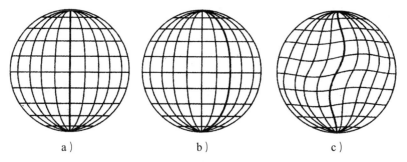

a)　　　　　　　　b)　　　　　　　　c)

▲ 图6-2　理想气球与整体对称性和局部对称性
a)最初的球面　b)整体对称变换　c)局部对称变换

如果用地理学术语,上述转动或许相当于将本初子午线从英国的格林尼治移到埃及的亚历山大或中国的上海。实际上,以上海或亚历山大作为本初子午线,与以格林尼治为本初子午线,是完全等价的,完全可以对地球任何地方定位(见图6-2a与图6-2b)。采用格林尼治作为子午线起点,不过是传统习惯而已。

所谓局域变换、局域对称要复杂得多。局域对称是一种要求更高的对称,它要求球面上任一点都完全独立移动,球面形状依然保持不变(参见图6-2c)。

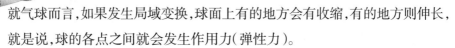

就气球而言,如果发生局域变换,球面上有的地方会有收缩,有的地方则伸长,就是说,球的各点之间就会发生作用力(弹性力)。

不同的自然规律在类似的局域变换下保持不变,即所谓具有某种规范不变性,往往要求引进一种基本力场。从规范对称性出发,构造或引进某种基本力(称为规范作用)的理论,叫规范理论。

著名德国数学家和物理学家魏尔受爱因斯坦的局域变换思想的启发,研究与电荷守恒相关的局域对称性,引进"规范"一词。可惜魏尔的理论没有能成功地将引力相互作用和电磁相互作用统一起来,而这才是魏尔工作的初衷。他与爱因斯坦感到深深的失望。他的失败在于先天不足:没有应用量子论。其次,从现在观点看来,在他的局域变换(魏尔变换)是一个实数因子,正确的选择应是复数因子$e^{i\alpha(x)}$,其中x代表位置坐标,而他的局域变换只差一个复数i。

性急的读者要问了,这一些与夸克的色有什么关系呢? 且慢! 我们已经讲了魏尔的失误,如果不谈谈魏尔给我们留下的宝贵遗产,就太不公道了。当然,还要谈谈杨振宁、米尔斯(R.L.Mills)的一个几乎被遗忘的工作,才会转入正题呢!

量子理论用复数(称为波函数)Ψ描述粒子,比如电子,复数Ψ的振幅的平方表示粒子的密度(或出现的概率),Ψ的相位也应是可观测量。如果复数乘以任意相因子

$$\Psi \xrightarrow{\text{规范变换}} \Psi e^{iQ\alpha(x)}$$

式中:Q——粒子的电荷;

$\alpha(x)$——依赖于时间、空间的实函数。

这叫做电荷规范变换,如果物理系统的规律性在此变换下保持不变,则称具有 U(1) 对称性。这是比较简单的一种局域对称性,因为任意两点(x_1与x_2)的相位因子可以对换,即

$$Q\alpha(x_1) \cdot Q\alpha(x_2) = Q\alpha(x_2) \cdot Q\alpha(x_1)$$

我们称这样的物理系统具有阿贝尔规范性。阿贝尔(N.H.Abel)是 19 世纪挪威的数学家,他对于描述对称性的数学——群论有伟大贡献。一类特殊

的群,就以他的名字命名,李群。U(1)群具有对应于相因子不变的对称性。

奇怪的事发生了。只要系统具有 U(1)规范对称性,就必然要求系统粒子之间存在电磁相互作用,甚至描述该作用的有名的麦克斯韦方程也可以直接写出来。换言之,电磁相互作用,就是一种规范相互作用。可惜我们在19世纪没有发现这种局域对称性,否则法拉第、麦克斯韦许多成果的得到也许会容易得多了。

这是怎么回事呢? 举例说,有几个电荷,其中有正电荷,也有负电荷,每个电荷的电势也不相同。当它们位置作局域变换时,其两两相对位置会有随机变化。当我们在每个电荷上施加不同电势时,实际上就是一种局域规范变换。此时,仅与电荷相关的电场就不会满足局域规范不变性。仔细考察,会发现运动的电荷还会产生磁场,它的所谓磁势会完全抵偿局域变换后所引起的变化。就是说,综合考虑电场与磁场,亦即电磁场,物理系统在局域规范变换下保持不变。

简单地说,如果假定电场具有局域规范不变性,则必然引入电磁场。甚至于可以由所谓 U(1)局域规范对称性, 推导出全部麦克斯韦方程组。反之,由麦克斯韦方程描述的电磁场理论,容易验证它具有U(1)规范对称性。

量子规范理论还有一个很重要的结论,所有规范相互作用都必须通过所谓规范粒子传递,而且规范粒子的静止质量应该为零(参见图6-3),图6-3 中所示的是电磁相互作用,其他规范作用的图像大致相同。此图最上面的小图是描述该物理过程的费曼图,表示正电子放出或吸收光子,与电子

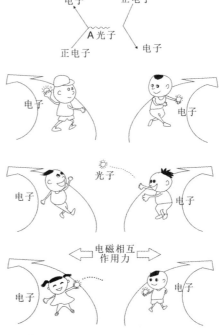

▲ 图6-3　所有规范作用必须通过规范粒子进行传播

相互作用。就电磁规范理论而言，规范粒子就是光子，而光子的静止质量为零，则是我们早就知道的。

在 20 世纪 20 年代，魏尔鉴于电磁作用具有局域规范对称性，以及广义相对论也是由某种域变换的几何描述的，修改广义相对论，希望在其中自动出现电磁场，其目的在于统一电磁力和引力。但是爱因斯坦审阅他的论文后，指出其中许多问题。魏尔知道自己错了，陷于深深的失望之中。但是，他明白，他的工作所包含的正确思想会被后人继承下去。

魏尔的悲剧，在于他太走在时代的前面了，当时量子力学没有诞生，德布罗意（Louis de Broglie）波的概念还没有问世，更无从了解电子波相位，因此一个正确的思想应用到错误理论上。何况一个成熟的量子引力理论迄今尚未成功，80 余年前的魏尔纵有天大本事也难以在彼时建立超电磁作用与引力的统一理论。

但是，魏尔的尝试是弥足珍贵的。他给我们留下了宝贵的遗产，其中最宝贵的就是局域规范变换、对称性的思想。另一个就是他大胆对于现有已知相互作用的统一的悲壮冲击。魏尔一生对于科学贡献甚大，尤其在微分几何、群论以及数学物理领域树立了许多丰碑。

杨振宁与米尔斯（R. Mills）在 1954 年发表一篇划时代的文章。这篇文章讨论了 SU(2) 的局域规范理论。但是与海森堡的破缺的 SU(2) 理论不同，杨—米尔斯的 SU(2) 理论的对称性是完全精确的，洋溢着精彩绝伦的数学美。与电磁规范不同的是，此时不同位置的相位因子的乘积交换次序后，就不相等了：

$$\alpha(x_1) \cdot \alpha(x_2) \neq \alpha(x_2) \cdot \alpha(x_1)$$

量子理论把 $\alpha(x)$ 这种不可交换的数学量叫 q 量。例如矩阵、三维空间的转动等，相应的运算或操作的次序十分重要。此时的规范对称性，就叫局域的非阿贝尔规范性。图 6-4 列示了两个操作不可交换次序（即非阿贝尔性）的实例。这两个操作是"绕竖直轴向东转 90°"与"绕南北轴向西转 90°"（假设图中战士面朝北方）。图中表示两个操作（口令）如果次序颠倒，则最后的效果是完全不相同的。杨—米尔斯利用这种对称性得到相应的相互作用的具体形式。

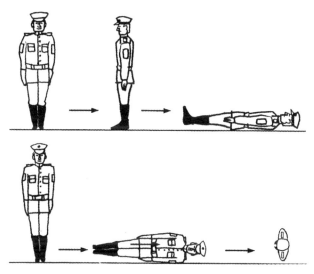

▲ 图 6-4 两个操作不可交换次序的实例

实际上,杨振宁在 1948 年于芝加哥大学获博士学位,进入普林斯顿高等研究院的时候,就有利用局域规范理论描述强相互作用的想法。一直到 1953 年他进入布鲁克海文国立实验室,这个想法一直缠绕着他,但一直未能成功实现,主要的困难在于无法确定所需要的对称性。

在布鲁克海文时,米尔斯是个刚毕业的年轻人,与杨在一间办公室。他们一道讨论,最后选择 SU(2)规范对称群。他们还是想解决强相互作用问题。他们的成果 1954 年发表在美国《物理评论》上。这篇文章尽管有种种不足之处,却是近代规范理论的开山之作,早已是尽人皆知的经典作品了。

除了爱因斯坦利用广义协变原理(也是一种局域对称性)得到引力作用理论外,这是人类第二次从纯粹的学术思辨,利用对称性原理,给出具体相互作用规律。不幸的是,杨—米尔斯理论的提出时间还是太早了。理论的宗旨是建立强相互作用,因此,他们将海森堡的 SU(2)同位旋理论,进一步发展为局域规范对称性理论。杨—米尔斯理论相应的规范粒子有 3 个,而且没有静止质量。然

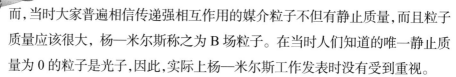

而，当时大家普遍相信传递强相互作用的媒介粒子不但有静止质量，而且粒子质量应该很大，杨—米尔斯称之为 B 场粒子。在当时人们知道的唯一静止质量为 0 的粒子是光子，因此，实际上杨—米尔斯工作发表时没有受到重视。

当时实验未发现无静止质量的强相互作用的媒介粒子，使得杨—米尔斯的工作似乎变成无的放矢的"唯美主义"杰作。大家在欣赏以后，渐渐把它忘记了，作为学术档案束之高阁，整整 10 年。

杨—米尔斯理论与 U(1) 规范理论有本质的不同，U(1) 规范理论中的规范粒子——光子，彼此不会相互作用，而杨—米尔斯理论中的规范粒子彼此会相互作用，称之曰：自作用。前者从数学上来说，是线性理论，后者则是复杂得多的非线性理论。

20 世纪 60 年代后半期，夸克模型建立以后，人们想起杨—米尔斯理论，先是用于弱相互作用和电磁相互作用，而后是哈佛大学和普利斯顿大学的先生们用于 QCD 的建立，而且都取得极其伟大的成果。

有人似乎奇怪，杨—米尔斯理论如何用于弱相互作用获得成功的呢？须知弱相互作用力程更短，大约 $10^{-16} \sim 10^{-18}$ 米，因而如果存在被交换的规范粒子（以后的定名为中间玻色子 W^+、W^-），质量会是核子的近百倍。如图 6-5 所示，W 粒子就像笨重的胖妇人，行动迟滞。

▲ 图 6-5　"富态"的 W 粒子步履艰难地穿梭在弱相互作用粒子之间

这是怎么回事呢？何以备受冷遇的杨—米尔斯理论转眼之间身价百倍。既有今日，何必当初？林黛玉小姐的抱怨也许会从读者口中脱口而出。

我们这里采用倒叙法了。因为实际上杨—米尔斯理论是先在弱相互作用和电磁相互作用领域获得成功的。20世纪70年代伊始，哈佛大学和普林斯顿大学的物理学家从SU(3)的局域非阿贝尔规范对称性，得到了夸克之间相互作用的具体规律。与杨—米尔斯不同的是，他们将应用对象又对准强相互作用，但是选择的规范群不是SU(2)，而是SU(3)。其理由是盖尔曼、格林伯格等引进的色，就是夸克相互作用的"源"，就像电荷是电磁力的"源"一样。三原色红、绿、蓝就是SU(3)对称性中可以相互变换的基本对象(用术语说就是SU(3)群的基本表示)，这种对称性是局域的、完全精确的，当然更是非阿贝尔的。他们决心在杨—米尔斯遇到困难的地方，找到成功的道路。

读者切不可将这里的SU(3)色对称性与夸克模型建立时SU(3)搞混淆。那个SU(3)的基本变换对象是u、d和s夸克(只与弱、电磁作用有关，属于"味"范畴)，而且对称性破缺得很厉害。因此，往往将与色有关的精确SU(3)对称性记为SUc(3)。

读者也许要发问，何以在20世纪50年代杨—米尔斯利用非阿贝尔规范理论构造强相互作用理论失败，而哈佛、普林斯顿的先生却又成功了呢？原因是现在夸克理论问世了，人们可以正确选择规范群SU(3)，而不是杨—米尔斯假定的SU(2)。更重要的是，人们弄清楚所谓核力不过是夸克之间的强相互作用的剩余力，就像分子之间的范德瓦尔斯(Van der Waals)力是原子之间的电磁相互作用剩余力一样。原有的问题消失了。

从规范理论可以知道，对于SU(3)群对应8种无静止质量的规范粒子，我们以后称之为胶子(gluon)。实际强相互作用的本质就是带色的夸克与带色的胶子作用(或称耦合)，但是与电子和光子相互作用不同的是，一般来说，前者的颜色在作用以后会发生变化，而后者则电子仍然保持电子的电荷不变(注意光子是不带电的)(参见图6-6)。图6-6a表示电子与光子γ发生作用，依然放出电子 e⁻(电荷不变)。图6-6b表示如果红色夸克 qᵣ 与胶子发生作用，

放出绿色夸克 q_G，则胶子的颜色应为($G\overline{R}$)复色，其中 $\overline{R}$ 为补红色，即($R+\overline{R}$)＝无色。

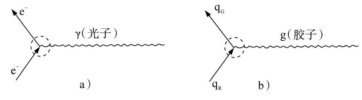

▲ 图 6-6　夸克与胶子作用和电子与光子作用比较
a）电子与光子耦合，电子电荷不变
b）夸克与胶子耦合，夸克的颜色一般会发生变化，原因是胶子带色

容易推广图 6-6b 的结果，即胶子的颜色应为复色：($R\overline{G}$)、($R\overline{B}$)、($R\overline{R}$)、($G\overline{R}$)、($G\overline{B}$)、($G\overline{G}$)、($B\overline{R}$)、($B\overline{G}$)、($B\overline{B}$)，共 9 种。但其中复色($R\overline{R}$)、($G\overline{G}$)与($B\overline{B}$)并非独立的，它们之间有关系

$$G\overline{G} + R\overline{R} + B\overline{B} = 无色（白色）$$

实际上无色阳光经过分光镜后，我们不是可以看到散开的等量三原色红、蓝、绿光吗？因此，带的胶子独立的只有 8 种。如果粒子无色，术语称它们为色单态，就不会与带色的粒子发生作用。夸克之间的作用与味无关，即不管你是 u、d 或 s，只有色相同作用就是相同的，这种情况又称"味盲"。夸克与胶子的作用，一般会改变夸克颜色，但却不会改变夸克的味。

现在将这种后来称为量子色动力学（Quantum Chromodynamics，QCD）的理论与通常的电磁理论（QED）比较，这是很有意思的事。我们发现 QCD 比 QED 要复杂得多（参见表 6-1）。原因就是 QCD 系一种复杂的非线性理论。而 QED（量子电动力学）则是较为简单的线性理论。光子不带电，光子与光子之间是不会发生作用的，而胶子则带色，色则是强相互作用的源，因此胶子间是存在相互作用，这叫自作用或自耦合。在非线性的广义相对论中也存在，不过那是引力的自作用。

我们现在看到，建立在杨—米尔斯理论基础上的 QCD 实际上是一个严密有效的理论体系，而且是一个色调丰富、色彩缤纷的世界，其中如果计及反粒子的话,有 6 种原色,16 种复合色。这是一个迷人的世界,但是只要想到这些 "色" 都是强相互作用的源,我们也就自然能够想象,在这个色彩斑斓的世界中的相互作用,比起通常的电磁相互作用,不知会复杂多少倍,不知会有多少神奇的新鲜事。

表 6-1　QCD 与 QED 的比较

性质＼理论	QED	QCD
参与相关作用的粒子	电子(e^-)、μ子(μ^-)、τ子(τ^-)及反粒子 e^+、μ^+、τ^+及带电夸克	u_R、u_G、u_B、d_R、d_G、d_B、s_R、s_G、s_B 及反粒子 $\bar{u}_R$、$\bar{u}_G$、$\bar{u}_B$、$\bar{d}_R$、$\bar{d}_G$、$\bar{d}_B$、$\bar{s}_R$、$\bar{s}_G$、$\bar{s}_B$
相关作用的源或荷	电荷,有正电荷、负电荷两种	色荷,三原色 R、G、B 及其补色 $\bar{R}$、$\bar{G}$、$\bar{B}$;复色8种及补复色8种
相应的规范粒子	光子γ(只有 1 种),不带电,无自作用,静质量为零,光子的反粒子就是其自己	胶子 g(有 8 种不同颜色),有自作用,静质量为零,反胶子$\bar{g}$亦有 8 种,其颜色与胶子相补
相应的复合粒子	原子(电中性),剩余的电磁力将原子结合为分子(即范德瓦尔斯分子力为原子中电磁力的剩余力)	介子、重子(色单态、无色),剩余的强相互作用将它们结合为原子核(即核力为核子中的强相互作用的剩余力)

东边日出西边雨,道是无晴却有晴
——红外奴役与渐近自由

QCD 中最古怪的事儿莫过于红外奴役与紫外渐近自由了。我们已经说过,在电子对核子的深度非弹性碰撞很高能量时,电子轰击到核子中一个夸克。受轰击的夸克从其他夸克旁边呼啸而过,几乎不受其他夸克的影响。这

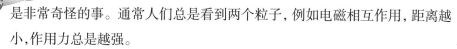

是非常奇怪的事。通常人们总是看到两个粒子，例如电磁相互作用，距离越小，作用力总是越强。

"紫外"这里是借用光学的名词，在光谱中，紫光相应能量（频率）较高的光子，红光则相应能量（频率）较低的光子。紫外渐近自由，意指两个夸克在高能碰撞，或者说彼此相距很近（$\sqrt{\Delta E}$相当于$\frac{1}{\Delta r}$，Δr为距离，ΔE为碰撞能量），其相互"作用"（或影响）越来越小，几乎趋近于零，几乎变成"自由"夸克了。

这种情况，有一位美国物理学家将渐近自由比喻成一对古怪情人。当他们暌违远离时，彼此思恋不已，真是望穿秋水，渴望一见；当他们一见面，往往又使"小性子"，互不搭理，似乎对方压根儿就不存在。红楼梦中的贾宝玉与林黛玉不就是这样的吗？这正像古诗所说的"东边日出西边雨，道是无晴却有晴"。

▲ 图6-7　夸克犹如一对古怪恋人

1972—1973年间，格罗斯、波利泽尔等各自独立地发现QCD中在高能时夸克之间(在强子内)确是渐近自由的,这一卓越的成果立刻使 QCD 的声誉鹊起。以后更多的实验都支持渐近自由的观点。从此 QCD 被世界的理论物理学家升格为"强相互作用科学理论"。

夸克模型问世以后,寻找自由夸克,携带分数电荷的粒子立刻成为一种时髦。人们甚至从密立根(R. A. Millikan)在 1913 年发表的关于用油滴法测量基本电荷的论文中,找到有分数电荷($\frac{2}{3}$基本电荷)存在的根据。在那篇著名论文的附注,作者声称似乎发现有一油滴携带的电量为基本电荷的 70%。美国斯坦福大学的费尔班克(W. Fairbank)利用改进的油滴实验,寻找分数电荷粒子 10 余年,也屡次宣布发现分数电荷。但别人用类似方法都不能重复其结果。实际上,上至月球,下到地层深处,人们到处寻找。遗憾的是,40 余年的漫长搜寻,其结果是否定的。真是"上穷碧落下黄泉,两处茫茫皆不见"。

在自然界不存在分数电荷的自由夸克,物理学家称之曰"夸克禁闭"(quarks confinement),就是说夸克被囚禁在强子之中,永世不能目睹天日。自从宇宙诞生至今 137 亿年,夸克一直被囚禁着,这大概是世界上最长的徒刑了。这种情况从实验来说,可以等价表示红外(即较低能、远距离时)奴役(受到限制,像奴隶一样被役使),就是说强子中的夸克不能从强子中逃逸出来,变成自由夸克。

其实何独夸克,胶子以及大自然中所有带色的粒子都一概被囚禁、奴役,我们称之曰"色囚禁"。这一事实,使人难以理解,也是盖尔曼当初提出夸克模型时犹豫不决的原因。

可惜 QCD 对于色禁闭至今无法从理论上严格予以证明,或给出令人信服的合理解释。由于数学上的困难,只能近似地(如在格点规范下)证明这一点,或者提出种种不那么严格的解释(如弦模型、袋模型等)。有人认为这种禁闭是绝对的,即无限期的、无论如何都无法解除的。也有人认为囚禁是相对的,或许有朝一日,在足够大的能量下,夸克会被解放出来。

"夸克禁闭"被许多物理学家认为,是留给 21 世纪头等的难题。有人(如

李政道等）认为，当前物理学上空的这团乌云，或许会给物理学带来一场暴风雨似的革命！

虽然人们未能直接观察到夸克和胶子，但是近年来随着实验技术的长足进步，人们实际上已证实确实有夸克三色，看到了夸克的碎裂，胶子的"喷注"（jet）。雾里观花，纵然免不了有些终隔一层的距离感，也增添鲜花的娇柔和鲜妍；色彩不免朦胧和闪烁，然而那分明的真切感和神秘感，更激起人们对于自己智慧的赞美和讴歌。理论的预言，一步步地被证实了。即使原来对 QCD 不信任的人，现在对于这个完全基于人类对于美与对称性建立的理论也信服了。

1975 年斯坦福直线加速中心的 SPARK 正负电子对撞机在紧张工作，斯坦福科学家正在测量反应

$$e^+ + e^- （对撞） \to 强子（质心能量在 3 吉电子伏以下）$$

的反应截面（即反应几率）和反应

$$e^+ + e^- \to \mu^+ + \mu^-$$

的反应截面。他们希望由此得到比值

$$R = \frac{\sigma(e^+e^- \to 强子)}{\sigma(e^+e^- \to \mu^+\mu^-)}$$

的实验值，并与理论值比较。因为理论物理学家早就得到公式

$$R = \sum_i Q_i^2 （i 表示夸克种类）$$

如果不考虑色，则 $i = u、d、s$ 的味，有

$$R = \sum_i Q_i^2 = (\frac{2}{3})^2 + (-\frac{1}{3})^2 + (-\frac{1}{3})^2 = \frac{2}{3}$$
$$（u 夸克）\quad （d 夸克）\quad （s 夸克）$$

但如果夸克像 QCD 指出的，每味夸克有三色，则上述数值应乘以 3，即

$$R = 3\sum_i Q_i^2 = 3 \times \frac{2}{3} = 2（i 表示不同的味）$$

实验结果表明，在质心能量小于 3 吉电子伏处，R = 2。这个实验是夸克有三色的重要实验证据。从此夸克有三色再也不是纯理论假设，而是有实验根据的物理事实了。

按照 QCD 理论，e^+ 与 e^- 在更高能量对撞时，例如以 20 吉电子伏−20 吉电子伏能量对撞时，e^+ 与 e^- 湮灭以后，有时会产生一对正、反夸克，其能量亦均为 20 吉电子伏，这些夸克立即会碎裂（fragmentation）而产生两个相反方向强子束（这个过程又叫强子化）——喷注。每个喷注（若干强子构成）的动量应等于初始夸克的动量，如图 6-8 所示。

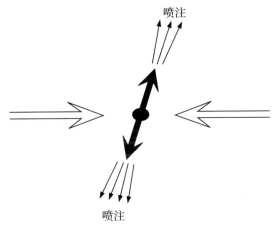

▲ 图 6-8　正负电子对撞产生正反夸克对喷注

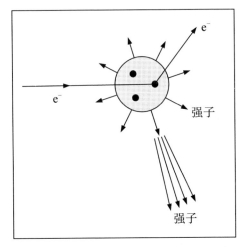

▲ 图 6-9　高能电子与质子碰撞形成强子喷注

电子的能量增大到 100 吉电子，一旦质子被电子击中，电子会将其所具有的巨大动能传递到碰到的夸克，另外两个夸克由于渐近自由的原因，则像旁观者一样，基本上保持不变。吸收能量的夸克立即以接近光速的高速度呼啸而去，然后又在色禁闭力的作用下，形成一个喷注（参见图6-9）。这个实验比20世纪70年代初，轻子（电子、中微子）对核子的深度非弹性碰撞更真切地"看到"核子内的夸克。看到喷注，实际上相当于观察到"夸克""衰变"的产物。物理学家甚至就称之为夸克喷注。

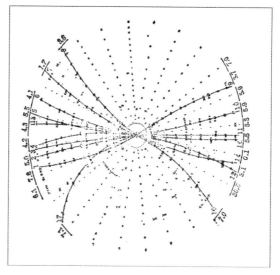

▲ 图6-10 1979年PETRA的储存环上观察到的夸克喷注

1978年，德国DESY的PETRA对撞机，得到正负电子对撞后产生的"喷注"，是物理学家首次看到的双喷注。物理学家从这些"夸克喷注"中间接看到了夸克。图6-10为1979年PETRA的储存环上观察到的正负电子碰撞所产生的双夸克喷注（图中的数字表示粒子的动量）。实验结果与QCD的预测分析完全一致。

质子与质子在高能下的碰撞，情况就更为复杂。但是，如果能量足够高，碰撞可能在两个质子内的夸克之间发生，相撞的夸克就从各自的质子中撞出，从而产生2个或4个夸克喷注，参见图6-11和图6-12。其中喷注的横动量小，实际上这意味着喷注的集聚性较好。所谓横动量就是与入射方向相垂直的方向上的动量。类似的喷注现象,在欧洲核子中心和美国费米国家实验室都曾观察到。这些喷注自然也是夸克"倩影"的折射。

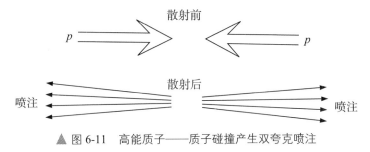

▲ 图 6-11　高能质子——质子碰撞产生双夸克喷注

在图 6-11 中,我们能看到 2 个粒子喷注,其动量指向入射质子的方向。粒子的横动量(相对于入射质子的方向)相当小(典型的事例小于 10 亿电子伏)。

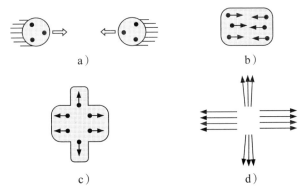

▲ 图 6-12　高能质子——质子碰撞产生 4 个夸克喷注

　　　　a)2 个质子相向加速

　　　　b)2 个质子合并在一起形成 1 个六夸克系统

　　　　c)2 个夸克相撞被撞出强子系统

　　　　d)最后结果是产生 2 个夸克喷注(左右)

更有趣同时也是更为困难的是,"胶子"的实验,其观测更为复杂。这个问题也被我们聪明的物理学家解决了。在"1974 年 11 月革命"丁肇中等发现粲夸克(c 夸克)以后,物理学家研究了由 c 夸克与 c̄ 夸克构成的质量极大的 J/ψ 介子。根据 QCD 预测,它会衰变为 3 个胶子,就像在电磁理论中 e⁺ 与 e⁻ 结合成的所谓正电子偶素会衰变为 3 个光子一样。在图 6-13 中,正电子偶素衰变为 3 个光子,与此相对应的粲偶素(J/ψ介子)衰变为 3 个胶子。因为胶子是被禁闭的带色粒子,它们将碎裂成强子并形成 3 个胶子喷注。

当然我们不能直接看到胶子,因为胶子产生后,所谓禁闭力就会起作用,使之碎裂为强子(强子化),形成所谓强子喷注。这里出现的 3 个喷注,实际上是 3 个胶子的碎片(参见图 6-13)。但是由于 J/ψ 介子中胶子平均能量只有 1 吉电子伏,不足以形成可观察的胶子喷注。

1979 年德国 DESY 的科学家终于看到了比 J/ψ 介子质量大 3 倍的 Υ 介子(由更重的 b 夸克与 b̄ 夸克构成)衰变时所产生的三喷注现象。此时每个胶子平均能量有 3 吉电子伏,足以产生喷注结构了。这被认为是胶子存在的铁证,我们总算间接地看到胶子。

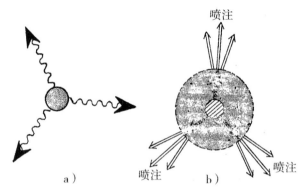

▲ 图 6-13　J/ψ 介子衰变形成 3 个胶子喷注
a)3 个光子衰变　b)3 个胶子喷注

空山不见人,但闻人语响。在幽深空寂的山野之中,我们听到人语喧哗,是可以判断此山是有人的;听到淙淙的水流声,是可以肯定近处必有流水的。

最后我们谈谈胶球、多夸克态和奇特态的故事。实际上这已经属于超出标准模型的新物理。按 QCD 理论,有色的胶子可以构成不含夸克的胶球。只要胶球是色单态或无色就可以。最简单的胶球是 2 个胶子构成的复合体,如 $g_{R\overline{G}}$、$g_{\overline{R}G}$(红—补绿胶子与补红—绿胶子,一般都是具有相应补色的胶子),当然也可以是 3 个或 4 个或更多胶子构成。胶球理应可以观察到,但是自 1980 年人们有意在实验上证实胶球的存在以后,直到 20 世纪 90 年代末,虽然不断传来胶球发现的消息,可惜总是无法最后确定,这些发现总可以有其他解释。

实验观察到胶球的主要困难，就是一个实验结果往往可以有多种解释。因此这些所谓发现未被物理学界所公认。

1996 年 2 月，美国 IBM 公司一个研究小组声称，他们用大型计算机进行高能物理实验已有 12 年历史。在模拟实验中，多次发现胶球，并计算相应胶球的质量谱，其领导人温卡顿、乔治等坚称，他们用计算机已发现"胶球"。他们的结果与实验观测值误差小于 6%。换言之，其模拟结果的可信度相当大。最近实验资料，还有许多结果，以解释为胶子的存在最可靠。但无论如何，眼见为实，他们的结果仍然未得到公认，看来要公认胶球，同志仍须努力。此外，理论上并不排除还有混杂态，即含有夸克和胶子的混合态；多夸克态，即含有 4 个、5 个、6 个夸克的多夸克态和奇特态。

QCD 诞生不过 30 年，取得极其显著的成果，可以毫不夸张地说，它已由理论物理学家的一个美玉无瑕的对称性的艺术珍品，变成了得到充分实验支持的、越来越成熟的、强相互作用的基本理论，它"颁布"越来越多夸克宫内的法典和行为规则，成为我们的加速器、探测器的良师益友。QCD 的理论提出者格罗斯（D. Gross）等三人荣获 2004 年诺贝尔物理学奖。但杨—米尔斯理论的凯歌行进，不仅在 QCD 的建立中取得令人自豪的成果，而且在"味动力学"，在弱、电相互作用的统一理论建立中，取得更为辉煌的战果！

维尔泽克　　　　　　　格罗斯　　　　　　　波利泽

▲ 图 6-14　2004 年诺贝尔物理学奖得主

第七章

目断天涯上层楼
——俯瞰标准模型

101101010100100011001100100101010101011001101 1100100110011
0001101010100101010101010101010101011010110101 101010010010101
0101010100010101010101010101010101010101010101 1010101010101
0101010101010101010101010101010101010101010101 100101010101
0101010101010101010101010101010101010101010101 010101010101
010110101010010101010101010101010101010101010 0101010101010

乱花渐欲迷人眼,早春二月传佳音——发现b夸克

1995年3月2日,美国费米国家实验室向全世界庄严宣告:他们利用超级质子—反质子对撞机Tevatron(能量1000吉电子伏—1000吉电子伏,周长6.3千米)的CDF探测器,在1994年找到12个t夸克事例,在1995年找到56个t夸克事例,确定其质量为174吉电子伏!从而正式结束对t夸克长达近20年的漫长探索!

对于国际高能物理学界,这早春二月传来的佳音,不啻贝多芬《欢乐颂》的奏鸣。为了追寻t夸克的踪迹,人们专门建造5座大型加速器,耗资亿万,其中4座都以能量不够宣告失败。20世纪70—80年代人们做梦也没有想到t夸克质量如此巨大,竟然是核子的近200倍!

至此,科学家认为的夸克家族3代6个(味)成员才算大团圆了。

大家清楚记得,夸克模型伊始,只有3个(味)夸克:u、d与s。1970年人们讨论可能存在的所谓中性流(下面会介绍)的时候(该现象于1973年发现),哈佛大学的格拉肖(S. L. Glashow)就预言,在现有的3个夸克以外,还存在质量很大的新夸克(即后来的c夸克)。他与希腊科学家里奥坡洛斯(J. Iliopoulos)、意大利科学家迈阿里(L. Maiani)合作撰文,正式发表了这个预言。这就是所谓GIM理论。与此同时,费米实验室的实验部主任莱德曼在μ^+与μ^-对撞实验中,观察到一些奇怪的迹象,有可能解释为新夸克存在,但证据不充分。

奇怪的是,发现c夸克的两个小组都并未受到GIM理论的影响。其中一个小组的负责人美籍华裔物理学家丁肇中,根据莱氏与华裔科学家颜东茂的建议,在美国布鲁克海文实验室的正负电子对撞实验中,于1974年夏天发现一种质量达3.1吉电子伏的新介子,寿命异乎寻常的长。他没有及时宣布其发现,准备进行复核后再发表。在1974年11月上旬,丁肇中的小组已完成复核工作的紧要部分,他从电话得知斯坦福直线加速中心的里希特沿着另一条途径也发现该粒子。于是他俩在SLAC会议室同时宣布他们的发现,丁肇中称该介子为 J 介子,里氏则称为 ψ 介子,现在学术界统称 J/ψ 介子。

丁肇中(Samuel Chao Chung Ting)1962 年获得密歇根大学博士学位以后,先后在哥伦比亚大学和麻省理工学院任教。当时他正热衷于"重光子"的工作,如 ρ 粒子、φ 粒子与 Ω 粒子,他相信还有更重的"重光子"。但是他的想法未能得到美国费米实验室和 CERN 领导人的支持。于是,他在 1972 年初进入布鲁克海文国立实验室。寻找"重光子"的工作在 1974 年春天就已开始。在丁肇中的统一指导下,实验由陈和贝克领导的两个独立小组进行。1974 年 9 月两个小组都独立发现 J/ψ 介子。丁肇中觉得还需复核,以排除实验仪器误差,他严令任何人不得公布其发现。丁肇中的实验是用质子对撞,而后分析产生的电子与正电子对。里瑞克则相反,用电子与正电子对撞,而后分析其产物。丁肇中可以说直接"看到" J/ψ 介子。而里氏实际上是测量 R 值(见上章),发现 R 的突然增加,而断定有新粒子。

J/ψ 介子的发现,极大地震动了国际学术界。自 1964 年以来,已被接受的 3 夸克模型从此要作修改了,J/ψ 介子只能解释为新夸克与其反夸克构成的介子。这一发现极大地震撼了当时的国际高能物理学界,该发现被称为高能物理的"1974 年 11 月革命"。由于这一重大发现,丁氏与里氏双双荣获 1976 年诺贝尔物理学奖。

J/ψ 介子性质非常奇怪:质量特别大,有 3.1 吉电子伏,超过以往任何类似"重光子"粒子;寿命特别长,大约为 $10^{-12} \sim 10^{-13}$ 秒,比质量与它相近的超子($\sum$、Ξ 等)差不多要长 100 亿倍!后来人们又发现与 J/ψ 相关的介子与重子,以致形成庞大的家族(即粲粒子族)。

J/ψ 的发现,意味着第四味夸克 c(charm)夸克的发现,c 夸克质量大,约 1.5 吉电子伏,其电荷为 $\frac{2}{3}$ 基本电荷。"c 夸克"中文译

▲ 图 7-1　丁肇中

名为粲夸克。这是我国已故著名理论物理学家王竹溪先生定名的, 取自《诗经·唐风·绸缪》: "今夕何夕, 见此粲者。" 此粲有"美女"义,"粲"按《说文》《广韵》还有美好意。英文原义有魅力意。王先生的译名甚为贴切、典雅。在 1978 年王先生正式命名前, 曾流行 "魅夸克" 的称谓。魅固然有魅力的延伸意思, 但 "魑魅魍魉", 本义都是厉鬼, 甚不雅驯。粲与魅两种译法, 大有文野之分, 精粗之别。也许读者从这件小事, 应该领悟到一些道理。

如果说 c 夸克的发现, 理论物理学家先有预言, 实验上也有征兆, 那么 b 夸克的发现则纯属偶然, 如果说有什么别的启发的话, 倒是 1974 年轻子的发现。既然轻子有 5 种或 6 种(加上 ν_τ), 夸克种类会不会也是 5 种或 6 种呢? 在欧洲的 SPEAR 和 DORIS 的对撞机上, 人们在 5 吉电子伏、6 吉电子伏和 8 吉电子伏的高能域下搜索, 未发现新的夸克。从 1975 年, 莱德曼就开始搜寻重夸克。中间还发生过差点误认在 6 吉电子伏处可能有一重夸克, 后来证实是误判的事。1977 年 8 月费米实验室主任莱德曼利用 400 吉电子伏的质子来轰击靶核, 以产生 $\mu^+ \mu^-$ 对与 $e^+ e^-$ 对, 结果发现一个超重的新介子, 他命名为 Y 介子, 其质量竟达 9.5 吉电子伏, 相当于质子的 10 倍。实际上这意味着发现了新夸克, 因为原有的夸克都不可能构成如此重的介子。后来的实验表明, 对应的新夸克的电荷为 $-\frac{1}{3}$ 基本电荷。Y 介子由 b 夸克与 $\bar{b}$ 夸克构成, 即 Y=$(b\bar{b})$。b 夸克人们称之为 "bottom"(底)夸克。b 夸克的中文译名 "底" 就是直译罢了。至于为何称 bottom, 也很简单, 原来人们将此时发现的 5 味夸克, 按弱同位旋(就是在弱电相互作用时表现的一种类似于同位旋的对称性)两重态排列如下:

$$
\begin{array}{cccc}
& \text{第一代} & \text{第二代} & \text{第三代} \\
\text{电荷}\ \frac{2}{3}\text{基本电荷} & \\
\text{电荷}\ -\frac{1}{3}\text{基本电荷} & \begin{pmatrix} u \\ d \end{pmatrix} \longleftrightarrow \begin{pmatrix} c \\ s \end{pmatrix} \longleftrightarrow \begin{pmatrix} ? \\ b \end{pmatrix}
\end{array}
$$

按其电荷值应排在第三代弱同位旋的下面, 故取名为 "底" 夸克, 与下夸克一样的意思。

自此以后，所有的物理学家都有一个信念，第三代弱旋的上面空位肯定有一种新夸克来填补，甚至于名字早就为它准备好了，叫"top"（顶）夸克，t夸克。大家都以为这位"远方游子"回家与其他5位家族成员的团圆只是近期的事。

谁知道，这位游子居然是在17年后才返回家族，夸克家族三代这才团圆。原因很简单，原以为b夸克质量有5吉电子伏，t夸克与它同属一代，即令质量大一点，也不过10~20吉电子伏，如c夸克质量为s夸克的6.5倍，而u夸克的质量与d夸克的质量应大致相当。然而，正如我们知道的，t夸克的质量竟有174吉电子伏，是b夸克的35倍！大自然是怎样在捉弄我们啊！ 17年的辛苦、挫折、失败，个中艰辛真是一言难尽啊！

但是，如何保证再也不会有像b夸克一样的不速之客从天而降呢？ 如何知道夸克家族就只有目前已知的三代呢？

▲ 图7-2 夸克家族欢迎漂泊在外的游子归来

我们可以肯定地说，不会！

我们来看轻子与夸克，现在可以按同位旋双重态排成对称的三代对称模式（每代2味夸克、2味轻子）：

	第一代	第二代	第三代
夸克	$\begin{pmatrix} u \\ d \end{pmatrix}$	$\begin{pmatrix} c \\ s \end{pmatrix}$	$\begin{pmatrix} t \\ b \end{pmatrix}$
轻子	$\begin{pmatrix} \nu_e \\ e^- \end{pmatrix}$	$\begin{pmatrix} \nu_\mu \\ \mu^- \end{pmatrix}$	$\begin{pmatrix} \nu_\tau \\ \tau^- \end{pmatrix}$

这种夸克与轻子的对应性看来决非偶然，其中一定有更深的道理。从表面上看，济济一堂的夸克、轻子大家族，熙熙攘攘，喜气洋洋，颇有大团圆的气象。并且，对于此家族成员的代的数目问题，物理学家早就进行了广泛而深入的讨论。

早在 1974 年，QCD 奠基人之一的格罗斯，就用一种复杂而有效的数学工具——重整化群理论证明，只要在强子中的夸克存在渐近自由，"夸克"代的数目不能超过 16"代"！我们知道，所谓渐近自由，不过是在强子中的夸克彼此之间几乎没有什么作用这一实验事实的表述而已！

1978 年，斯拉姆（D. N. Sthramm）在国际中微子学术讨论会上宣称，如果氦 4（^{4}He）原始丰度（占宇宙全部元素的总质量的份额）为 0.25，则从大爆炸学说可以推断，中微子（轻子）的代数不超过 4。最新的实验资料表明 ^{4}He 的丰度为 0.24 ± 0.001，从大爆炸学说推断，相应中微子的代数为 3.3 ± 0.12，宇宙学间接给出的夸克和轻子的代数就是 3。

此外，弱电统一理论给出确定夸克的"代"数的最佳方案：精密测量不带电的中间玻色子 Z^0 的质量谱线。用纵轴表示光生（高能 γ 光子对撞中所产生的）的 Z^0 的事例，横坐标表示 Z^0 的质量（能量）。由于 Z^0 的寿命极短，约 10^{-25} 秒，测量精度必须极高。测不准关系告诉我们，寿命越短，测定的质量（能量）的不确定性也就越大，自然很难有两次测量结果完全一样。如果测量的事例越多，测量值就会呈现钟形（高斯分布），如图 7-3。

分布曲线的高度和宽度与 Z^0 粒子的寿命有关。另一方面，Z^0 粒子的寿命与它可能的衰变"渠道"的数目有关。如果衰变"渠道"的数目越多，则 Z^0 寿命越短，相应分布曲线的峰值（高度）较低，而曲线宽度较大；反之，如果衰变"渠道"数目越少，则 Z^0 寿命较长，相应分布曲线高度较大，而宽度较小。

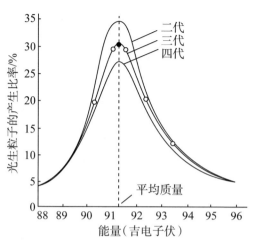

▲ 图 7-3 Z^0 的质量谱分布曲线与夸克的代 "数"

　　理论分析表明,如果夸克的"代"数越多,则 Z^0 的衰变(首先衰变为不同的夸克)的渠道越多,相应的分布曲线低而宽;反之则分布曲线高而窄。因此测量 Z^0 粒子质量谱曲线就可以确定夸克的代的数目。图 7-3 中, 3 条曲线分别是相应二代、三代和四代夸克模型的 Z^0 质量谱线。图中圆圈均系 1989 年末欧洲核子中心大型正负电子对撞机(LEP)的实验数据。你看,圆圈都落在相应三代夸克模型的曲线上。

　　实际上,同时有 5 个实验组工作 4 个多月,精密测量了 10 万个 Z^0 粒子事例。对实验数据拟合分析的结果表明,夸克的"代"数应为 3.09 ± 0.09。综合以上结果,再考虑到轻子和夸克的"代"对应性,可以得出结论,夸克和轻子代的数目就是 3。换句话说,我们已经发现自然界存在的全部夸克与轻子的"代"。

　　以后再也不会有像 b 夸克、τ 轻子之类的不速之客从天外降临,打破我们平静的生活。

　　是邪非邪,让 21 世纪的实验检验我们以上结论吧!

山重水复疑无路,柳暗花明又一村
——弱电磁相互作用理论的建立

我们已经知道如何处理夸克有关的强相互作用过程,因为一个建立在精确局域对称 SU(3)理论基础上的 QCD 已经建立起来了。但是夸克还同时参与电磁相互作用与弱相互作用,轻子只参与这些作用。可不可以仿照 QCD,也建立起局域对称的电磁作用与弱作用理论呢? 前者早已建立起来,就是量子电动力学(QED),但是令人满意的弱作用理论却总是难产。

我们早就知道,正是在弱相互作用中发现宇称不守恒,掀起物理学上一场大风波。关于弱相互作用的理论,最早是费米在 1934 年建立起来的。费米当时任教于罗马大学。费米的理论又称直接相互作用理论,因为理论要求弱力力程极短,以致在相互作用中交换虚粒子(光子)几乎就在一点上发生。费米对于这个工作十分得意,甚至觉得是平生最好的工作。

但是令费米气愤的是,《自然》杂志拒绝接受他的论文,声称:文章内容与当前物理学联系甚少,大多数物理学家不会感兴趣。后来这篇文章在德、意的学术杂志上发表。实际上,费米理论在低能上直到目前仍然是描述弱作用的有效理论。当然,它不可重整,不适合高能弱作用现象,而且它是宇称完全不守恒的。

以后罗彻斯特大学的苏达尚(E.C.G. Sudarshan)和马尔夏克(R. Marshak)修正费米理论,为所谓 V-A(矢量—赝矢量)模型。盖尔曼和费曼使之更为完善,可以与李—杨的工作相协调。但是致命的问题仍然是不能重整,不能用于精确计算,在高能下不能应用。

20 世纪 50 年代末,一些物理学家注意到在光子与讨论中的弱作用的中间玻色子 W^+、W^- 有些类似,如它们的自旋均为 1。附带说一句,原始中间玻色子理论很类似汤川的介子理论。他们希望在电磁相互作用与弱相互作用找到某种关联。其中施温格、布鲁德曼(S.Bludman)和格拉肖等更进一步猜测:光子与W^+、W^-玻色子会不会是某种杨—米尔斯理论的规范粒子呢? 关键在于选用什么局域对称性。

布鲁德曼试用杨—米尔斯用过的 SU(2), 遇到了 1954 年在强相互作用中杨—米尔斯遇到的相同困难, 只得罢手。其中特别值得指出的是, 他采用 20 世纪 50 年代中期德国人克莱因(O.Klein)的假设, 在弱相互作用中交换 W 介子。中间玻色子 W 的命名者就是他。不过他认为有 2 种 W 介子, 连同光子构成 SU(2)群的 3 个媒介粒子, 而电子和中微子则构成同位旋两重态。他在 1958 年发表论文后, 听说了 V-A 理论, 以后就再也未将工作深入下去。布鲁德曼是尝试建立纯弱作用规范理论的先驱者。

格拉肖则是施温格的研究生, 其博士论文就是有关弱作用的。格拉肖试用较复杂的SU(2)⊗U(1)对称性(群), 其中弱同位旋的双重态为电子型中微子。初步的结果是中间玻色子除光子和W^+、W^-以外, 又添加一个不带电的 Z^0 的中间玻色子。这样一来, 问题更严重了。如果有 Z^0 存在, 则必然会出现此前从未发现的"中性流"过程, 如

$$\nu_e(中微子) + n(中子) \to \nu_e + n$$

以前观察到的标准弱过程, 只有

$$\nu_e + n \to e^-(电子) + p(质子)$$

其中粒子的电荷发生变换, 这种过程称为带电流过程。与布鲁德曼遇到的困难一样, 中间玻色子W^+、W^-、Z^0具有很大质量(如果人为加进质量), 会破坏相应的规范对称性, 这样一来, 杨—米尔斯理论的全部优点就会丧失。自 1961 年以来, 人们对于格拉肖的理论都敬而远之。有趣的是, 在 1961 年萨拉姆曾对格拉肖的工作给予严厉批评, 并指出其中好几处数学上的"硬伤";但 1964 年萨拉姆等却企图使之起死回生, 当然也失败了。

如果能使规范粒子获得质量, 同时又能使规范对称性得到保留就好了。这种看似难以做到的两全其美的方法居然被物理学家找到了。这就是对称性自发破缺, 或称隐藏对称性的方法, 这个概念是由美籍日裔物理学家南部

从凝聚态物理中介绍到粒子物理领域的。这种聪明的办法，我们在下节专门介绍。但在1964年，人们都是将自发对称破缺应用于强相互作用理论，于是，许多声名卓著的物理学家，如安德逊、古拉尔尼克（G. Guralnik）、黑根（C. R. Hagen）、基勃尔（T. Kibble）、恩格勒特（F. Englert）、布卢特（R. Bront）和希格斯等人，都在这条错误的道路辛勤耕耘，结果自然是徒劳往返，劳而无功。好在这些人暂时还只是将自发破缺作为一种新兴的游戏。我们不要忘记，强作用的对称性是精确对称的，并非近似对称或自发破缺的，而QCD的建立是七八年以后的事。

同时格拉肖的工作，则由于遇到致命的问题被人置诸脑后，束之高阁。但是人们不知良药已在侧，"自发破缺"已经发现了，而且已为从事粒子物理的科学家所使用，可是却"明珠暗投，良药误用"。在无所用武之力的地方，白费了"自发破缺"这个奇珍异宝。

1967—1968年，巴基斯坦科学家萨拉姆、美国人温伯格终于拿起对称性自发破缺的武器，冲向弱作用与电磁作用的战场。温伯格原来也是将"自发破缺"作为玩具，徒劳踯躅在强作用中的一个，但他迷途知返，醒悟到他将灿烂夺目的明珠不该扔到黑暗的角落。他将目光投向正确的方向。终于柳暗花明，峰回路转。

▲ 图7-4 弱电统一理论终于建立起来了

萨拉姆在1964年对格拉肖的对称群SU（2）⊗U（1）进行拯救失败以后，其同事、自发破缺发现者之一的基勃尔教给他自发破缺、希格斯机制等本领。温氏又投入格拉肖方案中去。

温伯格在1966年、萨拉姆在1967年各自独立地成功将对称性自发破缺机制引入到格拉肖方案中去，从而成功地将电磁作用与弱作用统一起来。格拉肖引入了短程的中性流（Z^0粒子），推广了由温伯格提出的电弱统一理论。这是物理学发展史上的重要里程碑，是继麦克斯韦电磁论（统一电力与磁力）以后人类史上的第二个成功的统一场论。爱因斯坦花费后半生精力，一直希望将引力与电磁力统一起来，没有成功，现在爱因斯坦之梦正在实现。温、萨、格拉肖三人因此荣获1979年诺贝尔物理学奖。

▲ 图7-5　温伯格、萨拉姆及格拉肖

但温伯格与萨拉姆理论问世伊始，并未立即得到热烈响应。原因何在呢？

在回答这个问题以前，我们先了解一下，什么叫对称性自发破缺（spontaneous symmetry breaking）？其奥妙何在？

对称性自发破缺，是南部、基勃尔等在研究铁磁性理论（亦称磁性理论）中发现的，又称隐藏对称性（hidden symmetry）。举一个例子，一个磁化的铁棒，其自由能，无论对于N极还是S极都是相同的，其磁化强度曲线，如图7-6所示。试看高温下能量与磁化能量的曲线，在高温时，磁化曲线相应于图7-6a，此图环绕能量轴线是完全对称的；在三维空间中，曲线实际上是相对纵轴具有转动对称性的曲面；平衡态，即能量最低态处于磁化强度为零处，U形曲线

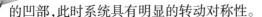

的凹部,此时系统具有明显的转动对称性。

但在低温时,磁化曲线相应于图 7-6b,磁化曲线呈现 W 形(这是典型的自发破缺)。此时平衡态可能处于 W 形的两个凹部,或在右侧,或在左侧。但对实际系统两者必居其一。假定平衡态处于左侧,此时系统的自由能曲线在 S 极与 N 极之间依然保持对称。就磁化规律、磁化曲线(面)而言,转动不变性并未破坏,但是对于实际平衡态(左侧)却不存在什么对称性。

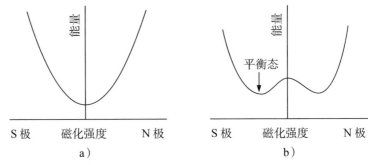

▲ 图 7-6　铁磁体磁化曲线
a)高温磁化强度曲线　b)低温磁化强度曲线

形象地说,设想有"居民"生活于此平衡态处,他们由于"身在庐山",根本未觉察到任何转动对称性——曲线的真面目。但是,对于旁观者,能够窥见曲线(面)的"全貌",自然会说"曲线(面)的真面貌依然风度如故,保持转动的对称性"。于是,就现实的平衡态的居民而言,"对称性"只是隐藏起来了。

1971 年,萨拉姆在《欧洲核子中心公报》上撰文,生动地描述对称性自发破缺的例子:"设想有一个豪华的宴会,来宾依圆桌而坐。从一只鸟的观点来看,这场面是完全对称的。宾客们传递餐巾,每个人从左边或右边邻座传来餐巾的机会应该是均等的(意即具有左、右对称性)。但是一旦有人决定,只接从左边邻座传来的餐巾,其他人也只得效尤,那么对称性就自发破缺了。"参见图 7-7(a)。图 7-7(a)和(b)都是转引自南部所著《夸克》一书中。图(b)显示超导中库柏对的形成,也是一种自发破缺。

也许富宾尼(S. Fubini)在 1974 年国际高能物理学术会议上引用法国哲学家布里丹(J. Buridan)的寓言说明自发破缺,更为生动、更为风趣,也更为贴切了："处于两食槽之间的驴子，看到食槽中的食物都是一样多，它拿不定主意到哪个食槽进食。驴子拿不定主意就是对称性。使驴子作出选择需要外界的影响。驴子的任何选择，都使对称性自发破缺。这个外界影响就是希格斯场。"

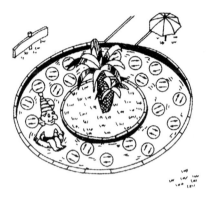

（a）萨拉姆的宴会中传餐巾　　　　　（b）库柏对液体平滑地流动

▲ 图 7-7　对称性自发破缺

富宾尼这里已经切入正题。此处希格斯场就是使规范对称性发生自发破缺的外界条件，相当于在磁性理论中的磁化强度。希格斯场的自相互作用产生的"自能"，即场的势能，相应于磁性理论中的自由能。当然，希格斯场的具体选择，依具体规范对称（群），以及我们最终目的而定。希格斯机制在超导、磁性理论中早有成功应用。

自发破缺是怎样使格拉肖方案起死回生的呢？

火树银花不夜天——弱电"统一宫"

弱相互作用与电磁相互作用都作用在夸克和轻子，只与"味"有关，因而它们统称量子味动力学（quantum flavor dynamics，QFD）。强相互作用则与色相关。温伯格、萨拉姆所建立弱电统一大厦确实充满智慧的创造，处处闪烁着对称美的火花。

大厦的框架——局域规范对称性（群）选择的是格拉肖早就试用的 SU（2）⊗U（1）。但此处的 SU（2）就是我们早就介绍过的弱同位旋升格而来的。因为原来的 SU（2）只有近似整体对称性，现在却是局域对称性理论了，但是原来的"功能"还保留。大厦中的居民是三代夸克与轻子，每一代都是它的基本表示（"表示"为群论的术语，大意是具体群中具有对称性的某种特殊组合）。大厦中另一些居民就是 4 个规范粒子：光子γ和W⁺、W⁻与 Z⁰。在对称性未进行自发破缺以前，所有的居民都是无静止质量的。

但是，在温伯格与萨拉姆利用希格斯场进行对称性自发破缺以后，所有夸克获得质量，W⁺、W⁻与 Z⁰获得更大的质量，此时规范对称性从本质说未被破坏，只是隐藏起来而已。但从此以后，无静止质量的光子与庞大质量的中间玻色子，这种巨大差异，使得我们难以识别它们本来的密切关系或血缘关系。在极高能下，如 10¹⁵吉电子伏，W 与 Z 的质量比较极高的与过程相关的能量可以忽略不计，W 和 Z 与γ光子的亲属关系就昭然若揭了。此时 W、Z 可以像γ光子一样，紧密地将相关粒子结合在一起，也就是弱作用强度逐步增强，与电磁相互作用强度接近，以致相等，完全并和（统一）为单一的弱电相互作用（参见图 7-8）。

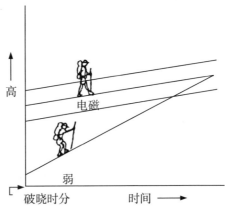

▲ 图 7-8 电磁作用与弱作用的统一示意图

但是在低能下，W 与 Z 粒子由于质量与过程能量相比较大，因此传递相互作用时就会被自己的质量"拖住",以致作用很弱,与电磁相互作用有显著的差异。图 7-8 中山的高度相当于作用的强度,时间相当相应的能量。电磁作用和弱相互作用强度都是随能量增高而变化,在极高能量处(或两粒子距离极小处)弱作用强度急剧增加,一直到与电磁作用强度相等,合二为一。这相当破晓时分,两登山客,一个攀登速度极快,一个较慢,最后在某处会合。

局域规范理论之所以可贵就在于它继承了爱因斯坦广义相对论最吸引人的优点,即一旦具体规范对称性确定,相应的相互作用的规律及具体形式完全确定了。但它还有一个优点则正好是广义相对论的致命伤:非阿贝尔区域规范理论是可以重整化的,而广义相对论则不能。

原来,量子理论在具体计算中往往会出现无穷大。例如,1930 年,美国物理学家奥本海默在计算狄拉克方程中所谓自能时,就发现出现无穷大。这在物理上是不允许的,会限制理论的应用,使理论根本无法进行精确计算。20 世纪 40 年代,物理学家找到一种系统处理这些无穷大(又称发散困难)的方法,叫做重整化理论。经过重整化以后,无穷大消失了,而且得到的计算结果与实验观察相互吻合,美国与日本的科学家因为发明这个方案甚至荣获诺贝尔物理学奖呢。当然这种方法是针对 QED 理论的。

自此之后,物理学家对于一个理论的好坏,有一个先入为主的判断标准,看是否能重整化,否则就入另册,至少认为是没多大用的。局域规范理论的另一个优点就是可以严格重整化,因此 QCD 是可重整的。

读者自然想知道,为什么大多数物理学家开始时对 W-S(温伯格—萨拉姆)理论冷眼相看了。因为未自发破缺前的理论是可重整的,已经证明了。但是经过自发破缺后,可重整性还保持吗?天知道!这个检查或证明是十分困难的。

1971 年,荷兰特胡夫特(Gerard't Hooft)公正地说,也许应加上维尔特曼(M. J. G. Veltman)巧妙地证明了自发破缺的 W-S 理论确实可以重整化。就是说,自发破缺并未破坏 W-S 理论的可重整性。特胡夫特是一个奇才,他的论文短小凝练,异常艰深,往往要花费许多精力才能明白其中的深义。这个

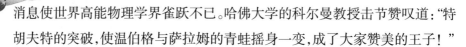

消息使世界高能物理学界雀跃不已。哈佛大学的科尔曼教授击节赞叹道："特胡夫特的突破，使温伯格与萨拉姆的青蛙摇身一变，成了大家赞美的王子！"

维尔特曼是荷兰理论物理学家，20世纪70年代任教于乌特勒（Utrecht）大学，对弱电理论的重整化十分感兴趣。他发现理论中出现的许多无穷大项可以相消，但无法证明所有的无穷大项能全部消去。他在1968年发展一套所谓"学院计算机程序"。利用该程序，借助于符号就可以将量子场论中所有复杂的表达式，简化为代数计算，简洁地将许多结果表达出来。1969年春天，特胡夫特22岁，刚大学毕业，要求学习高能物理，很快录取为维尔特曼的博士生。特胡夫特要求课题越难越好。在维尔特曼建议下，以弱电统一论的重整化问题作为其博士论文。特胡夫特发明了一种维度正规化的数学方案，以极快速度完成可重整化的证明，维尔特曼简直目瞪口呆。经过学生反复说明，特别是通过维尔特曼的"学院计算机程序"验算部分结果以后，他才相信这个世界难题被这个青年攻克了。1971年，特胡夫特的论文在《欧洲物理快报》发表。

青蛙王子在凯歌中行走，身价顿时百倍的W-S理论又取得接二连三的重大收获。于是，"弱电统一宫"又添华彩，青蛙王子频传捷报。

要知道，温伯格开始读特胡夫特的文章时并不信服，并不习惯文章的形式及表述的技巧。当他的朋友，韩国科学家李（Benjamin L'Huillier）将特胡夫特的文章"翻译"成通常的形式后，温伯格才弄懂，并相信其正确性。1999年维尔特曼与特胡夫特荣获诺贝尔物理学奖。理由是，他们的工作奠定了粒子物理学的坚实数学基础，尤其是他们证明有关理论是可以用于物理量的精确计算的。许多计算结果已为美国和欧洲加速器实验室证实。总之，他们的工作在阐明物理学中电磁相互作用的量子结构有极大贡献。

经过重整此后的弱电理论，不仅消除了原来"发散"的致命问题，而且可以用于精确计算，这一结果可以与实验结果比较。之前许多人心存疑虑，还有一个原因是，这个理论预言的"中性流"在自然界中一直并未发现，人们所看到的是所谓带电流（参见上一节）。

中微子ν_e与中子n碰撞，变成电子和质子，其中有两个阶段：中微子放出

一个 W^+ 中间玻色子后变成电子,即

$$\nu_e \rightarrow e^- + W^+$$

中子吸收该 W^+ 粒子,而放出一个质子,即

$$n + W^+ \rightarrow p$$

在第二阶段中,本质上是中子的一个 d 夸克吸收 W^+ 粒子变成 u 夸克,如图 7-9。

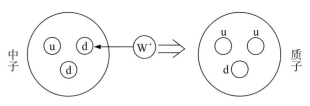

▲ 图 7-9 中子吸收 W^+ 变成质子

这个过程伴随有粒子之间的电荷转移,故称带电流过程,或荷电流过程,是以前理论可以解释的,早在 1960—1961 年间就已发现了的。

但是,在 W-S 理论中,新添不带电的中间玻色子 Z^0,应该发生中性流过程。该过程也有两个阶段:先是中微子放出 Z^0,自身仍保持不变(注意这是一个虚过程,只要不违反测不准关系就可以了,可以不满足能量守恒定律),即

$$\nu_e \rightarrow \nu_e + Z^0$$

中子吸收 Z^0 粒子

$$n + Z^0 \rightarrow n$$

或综合两阶段

$$\nu_e \rightarrow \nu_e + Z^0 \rightarrow n + Z^0 \rightarrow n$$

这个过程中,参与粒子并未有电荷交换,称为中性流过程,是以前理论不允许的。

1973 年,CERN 的"巨人"气泡室发现几例中性流事件,并且很快得到美国费米实验室、布鲁克海文与阿贡(Argonne)实验室的实验结果的支持。这是 W-S 理论的巨大成功。从此弱电统一理论更是"春风得意马蹄疾,一日看尽长安花"了。

但是,弱电统一理论的决定性胜利还是中间玻色子的发现。弱电统一理论不仅认为,中间玻色子不但像前人所认为的,有带正电的W^+与带负电的W^-,而且应该有不带电的Z^0。更进一步,理论经过严密的计算预言:W^+、W^-的质量应该为80吉电子伏,而Z^0则更大,约为90吉电子伏,就是说,均为当时发现的最大质量的粒子。

佳音终于传来了,一切都是这样称心如意,尽善尽美。欧洲核子中心的鲁比亚(C. Rubbia)与范德梅尔(Simon van der Meer)利用CERN在1982年建造的质子—反质子对撞机,能量为600吉电于伏,在1982年10—12月,发现W^+、W^-事例140000起。最后几经周折,包括计算机处理中的问题,最后确证5起事例:其中4起相应W^+粒子,1起相应W^-粒子。真是比黄金还要宝贵的5个事例呀!他们于1983年1月25日宣布他们的发现。至于Z^0粒子,他们直到1983年5月4日,才发现与Z^0有关的第一个事例,经过5个月紧张工作,积累事例几万起。在1983年10月,他们宣布发现Z^0粒子。按照他们的测量,W^+、W^-的质量大约为81吉电子伏,而Z^0的质量为93吉电子伏,其寿命约为10^{-24}秒。现在人们采用的数据是$m_W = 80$吉电子伏,$m_Z = 91$吉电子伏。

当然,早在20世纪70年代初,费米实验室和欧洲核子中心就提出寻找W^+、W^-、Z^0的目标。其加速器能量当时已达到400~500吉电子伏,超过W^+、W^-、Z^0的质量许多,为什么找不到这些粒子呢?原因是当时都是固定靶加速器,大部分能量由出射粒子作为动能带走了。分析表明,剩下产生新粒子的能量,至多不过28吉电子伏,当然不足以产生W^+、W^-、Z^0粒子。后来欧洲核子中心的LEP(大型正负电子对撞机)可利用产生新粒子能量,也是到80年代方才达到的。

鲁比亚等的工作其实在于将欧洲的SPS(大型质子加速器)改造为270吉电子伏–270吉电子伏的质子—反质子对撞机。他们采用较为简单的方法(随机对撞),而把进行同样改装工作的美国费米实验室甩在后面。实际上,1981年6月9日,CERN的质子—反质子对撞实验就开始了。但发现加速器通道不畅通,亮度不够,几经改进,半年以后亮度(反质子出射粒子密度)提高50

倍,直到 1982 年 10 月才趋于正常,亮度提高 100 倍,达到实验要求。

W^+、W^-或 Z^0 的检测当然也是复杂的事情。由 100 余名科学家、工程技术人员(来自 9 个国家)组成 UA-1 探测组,然后又组成类似的第二个探测组 UA-2。首批发现由 UA-1 组得到,而后 UA-2 组进一步分析,证实这些发现。

鲁比亚的发现简直与 W-S 理论的预言一模一样,这真是对弱电统一模型最完美的证明。从此,一个令学术界公认的弱电统一理论问世了,并且有一新词"弱电力"(weak electric force)诞生了。如果说 19 世纪法拉第、麦克斯韦统一了电力与磁力,那么 20 世纪人们又成功地将电磁力与弱力统一为弱电力。

鲁比亚、范德梅尔理所当然地荣获 1984 年度诺贝尔物理学奖。恐怕这是诺贝尔奖中,从成果的发表到获奖,其间时间最短的吧!鲁比亚与范德梅尔均供职于欧洲核子中心。范氏发明的"随机冷却法"解决质子与反质子对撞时亮度不够的问题。鲁比亚是整个工作的主要领导人,利用质子—反质子对撞以寻找 W^+、W^-、Z^0 的想法就是来自他。

弱电规范对称 $SU(2) \otimes U(1)$ 的 4 个规范粒子:光子γ、W^+、W^-与 Z^0 终于欢天喜地团聚在一起。原来以为是孑然一身、独来独往的光子,发现其血缘相近的姐妹W^+、W^-、Z^0 居然如此笨重,不禁啼笑皆非。活泼轻俏的光子知道,姐姐们原来也跟她一样,没有静止质量;只是由于自发破缺的原因,质量变得如此庞大。同时,她也明白,在更高能量下,姐姐们又会变得与她一样活泼轻俏,弱相互作用会渐渐增强变得与电磁作用一样强大了。

人类在了解大自然的历程中,展开了崭新的一页,迎来了新纪元的曙光……

欲穷千里目,更上一层楼——标准模型与"上帝粒子"

20 世纪对于极微世界的探索,硕果累累。我们在这新世纪伊始,回首前进的历程,感到无限幸福,人类终于发现渗透于大自然中的节拍与韵律——各种对称性。正是在这些节拍与韵律中,我们宏观世界、微观世界各自展现其无限的风姿和魅力。尤其是,始于爱因斯坦对于局域变换对称的追求,继之于由杨振宁等高高举起火炬，逐渐发现和充实的杨—米尔斯局域规范理论，终于成为理解和认识极微世界的标准理论。这是响彻极微世界的洪钟大吕般主旋律，也是基本粒子世界的成员行为的宪章。可以毫不夸张地说，20 世纪粒子物理的研究精华都在于所谓标准模型。

作为 20 世纪高能物理成就的顶峰与代表，所谓标准模型就是 SUc(3)⊗ SU(2)× U(1)局域规范对称理论。其中 SUc(3)就是上一章讲的精确对称的色 SUc(3)局域规范对称，这里 3 代表夸克的三原色，是对称性基本表示。它描述夸克之间的强相互作用，又称量子色动力学（QCD）。QCD 中有 8 个有色(复色)胶子。

SU(2)⊗U(1)则是味局域规范对称性，这里 2 代表弱同位旋二重态，夸克和轻子三代中的每一代都是弱旋二重态。味规范对称 SU(2)⊗U(1)不是精确对称的，经过自发破缺以后，其规范粒子有 W⁺、W⁻、Z⁰ 获得质量，而光子依然保持无静止质量。味规范对称性 SU(2)⊗U(1)又称味动力学，描述夸克与轻子的弱电相互作用，因此又称温伯格—萨拉姆弱电统一理论。

这里都是群论的符号，穷究其含义不是我们的任务。但也稍加说明，⊗表示两个对称性(群)直乘，在物理上意味着耦合。因此强规范对称性与弱规范对称性还有一定"混合"并非完全各自独立的，我们就不深谈了。

在标准模型中，共有 12 个杨—米尔斯规范玻色子：光子、W⁺、W⁻、Z⁰ 与 8 个胶子。前 4 个玻色子与 8 个胶子各自属于小家族，但是又同属一个有血缘关系（"耦合"形成）的大家庭。实际上它们构成除夸克和轻子

标准 模型

20 世纪粒子
物理科学高峰

▲ 图 7-10　20 世纪粒子物理的成就
集中在所谓标准模型

之外的基本粒子的第三个大家族。除光子外,其他规范粒子都有相应的反粒子。规范粒子的任务就是传递实物粒子之间的相互作用。这也是一个相当古怪的大家族,有的静质量为零,有的则几乎是中子的100倍;有的极易观察,到处抛头露面(如光子),有的则永远深锁于强子之内(如胶子)不见天日。我们的世界真是丰富多彩,无奇不有啊!

这里再附加说明,还有一种粒子叫希格斯粒子,自旋为零,大多数物理学家认为自然界应该存在。所谓自发破缺就是希格斯粒子在起作用,因此自发破缺的方式又称希格斯机制。迄今未能发现这种粒子,是高能物理面临的难题之一。希格斯粒子的质量或许会达到1000吉电子伏。寻找希格斯粒子是建立更高能量的加速器的强大动力之一。

▲ 图 7-11　希格斯教授

希格斯 20 世纪 60 年代任教于英国皇家学院。当时他知道了南部的自发破缺的思想。后来进一步了解哥德斯通(J. Goldstone)的工作,他已改而任教于剑桥大学。哥氏宣称,对称性即在自发破缺以后,在任何场中会产生质量为零的粒子。人们现称为哥德斯通粒子(固体物理中的元激发,如声子、磁子等)。希氏将这些内容与局域规范对称联系起来。结果大吃一惊,发现此时居然出现有质量的粒子——所谓希格斯粒子。但是希格斯这些突破性的

工作在发表时遇到麻烦,他的第一篇文章发表了,第二篇则被退稿。

温伯格一看到希格斯的文章就大为赞叹!首先他将此应用于强相互作用,讨论π介子,收获甚微。后来他将希格斯机制应用弱电理论,神效立见。W^+、W^-、Z^0"吃掉"希格斯粒子获得质量,而局域对称性依然保持。

标准模型预言的所有粒子都顺利发现,唯独希格斯粒子至今尚待发现。由于希格斯粒子在标准模型里实际上是所有有静止质量粒子获得质量的关键所在,就是说,我们宇宙所有的物质的质量都是由希格斯粒子而获得的,其重要性不言而喻。1993年有科学家戏称希格斯粒子为"上帝粒子",但是希格斯本人并不赞成这种叫法,因为这种叫法有损于宗教徒的感情,尽管希格斯并不是教徒。

寻找希格斯粒子的实验早就开始了。欧洲核子中心的正负电子对撞机(LEP)在上世纪90年代运行到2000年该设备停止运行,进行了很多精密地测量,可惜的是一直没有找到希格斯粒子存在的直接证据。但是他们的测量表明,如果希格斯粒子存在的话,其质量至少比120个质子还重。换言之,他们的实验确定希格斯粒子质量的下限为120倍质子质量。

美国费米实验室质子—反质子对撞机(Tevatron),位于美国伊利诺伊州巴达维亚附近的草原上,是世界上目前运行能量第二高的粒子对撞机。其所在的费米实验室是美国最大的高能物理实验室,也是世界上仅次于欧洲核子研究中心的第二大实验室。但在2008年9月欧洲核子研究中心的LHC建成之后,Tevatron显得日渐尴尬,因为其产生的最高能量不过LHC的七分之一,当然相关研究人员都将LHC作为第一选择。为摆脱困境,费米实验室一方面加强与LHC的合作,尽可能使研究人员实时获得欧洲核子研究中心的实验数据;另一方面也在试图转型,寻求新的研究领域,甚至筹划建造新的加速器。

费米实验室勉力维持Tevatron加速器运行3年,以期抢在欧洲同行之前找到希格斯玻色子,但美梦终成泡影。美国能源部于2011年1月11日正式宣布不再提供资金,Tevatron面临即将关闭的命运。LHC则成为了寻找希格斯玻色子的唯一希望。然而,不幸中的大幸的是,他们探索的结果,再结合斯坦福直线加速器中心的类似测量,得到了希格斯粒子存在的间接证据:最轻的希格斯粒子质量,小于 200 倍的质子质量。这一结论的前提是仅仅考虑粒子与最轻的希格斯粒子的相互作用。

Tevatron 与 LEP 的工作尽管没有找到希格斯粒子存在的直接证据,但是却大致确定了如果希格斯粒子存在,最轻的希格斯粒子质量大致为 120~200 倍质子质量(1GeV)。

2005 年欧洲大型强子对撞机 LHC 已经建造完成,其能量达到 14000 吉电子伏,北京时间 2008 年 9 月 10 日下午 15∶30 正式开始运作,成为世界上最大的粒子加速器设施。大型强子对撞机的精确周长是 2.6659 万米,内部总共有 9300 个磁体。不仅大型强子对撞机是世界上最大的粒子加速器,而且仅它的制冷分配系统(cryogenic distribution system)的八分之一,就称得上是世界上最大的制冷机。但在 2008 年 9 月 19 日,LHC 第三与第四段之间用来冷却超导磁铁的液态氦发生了严重的泄漏,导致对撞机暂停运转。经过科学家检查修复后,于 2009 年 11 月 20 日恢复运行,很快就得到了一批珍贵实验资料。截至目前为止(本书写作时 2011 年 9 月),科学家已经对希格斯粒子的质量范围缩小到 114~149GeV/c² 之间。图 7-12 是目前实验进展情况,置信度为 90%~95%。

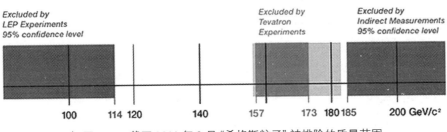

▲ 图 7-12　截至 2011 年 3 月 "希格斯粒子" 被排除的质量范围

2000 年,科学家通过欧洲核子研究中心(CERN)的大型正负电子对撞机(LEP)上积累的数据判定 "希格斯粒子" 的质量不会大于 114GeV/c²。2009 年 8 月,间接测量排除 "希格斯粒子" 的质量在 186GeV/c² 之上。2010 年 7 月,费

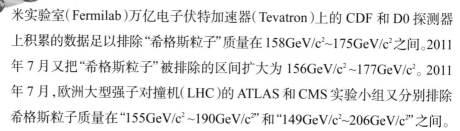

米实验室（Fermilab）万亿电子伏特加速器（Tevatron）上的 CDF 和 D0 探测器上积累的数据足以排除"希格斯粒子"质量在 158GeV/c² ~ 175GeV/c² 之间。2011年 7 月又把"希格斯粒子"被排除的区间扩大为 156GeV/c² ~ 177GeV/c²。2011年 7 月，欧洲大型强子对撞机（LHC）的 ATLAS 和 CMS 实验小组又分别排除希格斯粒子质量在"155GeV/c² ~ 190GeV/c²"和"149GeV/c² ~ 206GeV/c²"之间。

如果希格斯粒子存在，可以预言，在 2011 年到 2012 年，我们肯定能看见它的庐山真面目。在 2010 年春夏之交，科学家屡屡传来发现希格斯粒子存在的迹象，但是很快又降低了声调，换言之，希格斯粒子的存在与否，目前还是未知之数。欲知后事如何，且看 LHC 的实验结果吧。如果希格斯粒子不存在，将根本改变标准模型的现状。希格斯粒子的问题，实际上是弱电对称性破缺的起源问题。只有这个问题解决了，弱电统一理论才会具有稳固的可靠的基础。

实际上存在着许多希格斯理论的替代方案，但总的说来，希格斯机制问题让许多物理学家不满意。规范理论所有部分都是逻辑严密、一贯，极其精确、毫无歧义，唯独希格斯机制具有极大任意性。有人怀疑（如维尔特曼先生）希格斯粒子并非基本粒子，而是复合粒子，这些新的组元，由一种超强作用囚禁在 10^{-19} 米的范围内；这种超强作用的能量标度为 1000 吉电子伏，比现在知道的强相互作用的能标大 1000 倍。这种理论叫人工色理论。

但是问题的解决，最终依赖于实验的结果。

有关目前标准模型的种种问题，在近年来，各方面都取得很大进展。实验上对一系列物理量的精确测量，进一步检验与发展了标准模型理论。例如 W^+、W^-、Z^0 质量的测量（尤其是 Z^0 的质量的测量），提供了关于夸克只有三代的实验证据（Z^0 衰变）。

尤其值得一提的是轻子普适性的实验证明。所谓轻子普适性，就是指 e^-、μ^-、τ^- 在弱相互作用时，其强度 g_e、g_μ 与 g_τ 应该相等，这也是三代标准模型的基本出发点之一。但是以往的实验却总是不相等。如按 1992 年前实验资料

$$\frac{g_\tau}{g_\mu} = 0.970 \pm 0.013$$

比理论所要求的 1 差 0.03。但后来随着实验的精确,包括我国北京正负电子对撞机对轻子 τ^- 质量的精密测量,使得此值变为

$$\frac{g_\tau}{g_\mu} = 0.996 \pm 0.006$$

十分接近 1 了。轻子普适性应认为已基本上为实验证实。

　　回顾 20 世纪,在目前实验精度下,20 世纪极微世界探索的主要成果——标准理论模型十分成功,理论与实验之间符合很好,未发现什么重大分歧。标准模型就是我们目前对于极微世界最好的描写。表 7-1 就是极微世界成员的"户口册"。但是,正如真理不可穷尽,极微世界的探索也是永无止境的。实际上,超出极微世界标准模型以外的探索,人们早在进行……

表 7-1　极微世界成员(基本粒子)"户口册"

类型	电荷 (e)	三代实物粒子(费米子,自旋 1/2)			规范玻色子(整数自旋)	电荷 (e)
		第一代	第二代	第三代	弱电相互作用	
轻子	0	电子型中微子 ν_e,质量小于 4.3 电子伏	μ子型中微子 ν_μ,质量小于 0.27 兆电子伏(下限可能在 0.03~0.1 电子伏之中)	τ子型中微子,质量小于 31 兆电子伏	W^+,质量 80 吉电子伏 W^-,质量 80 吉电子伏	+1 −1
	−1	电子 e,质量 0.511 兆电子伏	μ子 μ^-,质量 105.7 兆电子伏	τ子 τ^-,质量 174000 兆电子伏	Z^0,质量 91.200 吉电子伏 γ,质量 0	0 0
夸克	$+\frac{2}{3}$	上夸克 u,质量 5 兆电子伏	粲夸克 c,质量 1300 兆电子伏	顶夸克 t,质量 174000 兆电子伏	弱电相互作用 8 色胶子(R$\bar{R}$)、(G$\bar{G}$)、(R$\bar{G}$)、	0
	$-\frac{1}{3}$	下夸克 d,质量 10 兆电子伏	奇异夸克 s,质量 200 兆电子伏	底夸克 b,质量 4300 兆电子伏	(G$\bar{R}$)、(B$\bar{G}$)、(R$\bar{B}$)、(G$\bar{B}$)、(B$\bar{R}$),质量 0	
说明		我们世界实际上是由第一代(最轻的)的实物粒子构成,第二代与第三代实物粒子均系由加速器中与宇宙线中发现			所有相互作用都是由规范玻色子所传递	

第八章

纤云四卷天无河,清风吹空月舒波
——终极之梦

梦魂惯得无拘检,又乘东风上青云——探索简单性

河畔青芜堤上柳,为问新愁何事年年有——SU(5)大统一理论的幻灭

衣带渐宽终不悔,为伊消得人憔悴——终极之梦超弦

东风吹醒英雄梦,笑对青山万重天——展望

余波荡漾——中微子超光速实验

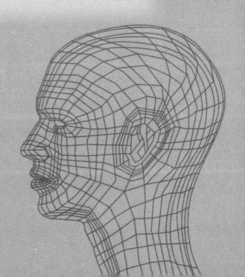

梦魂惯得无拘检,又乘东风上青云
——探索简单性

　　小宇宙——极微世界的探索,在 20 世纪之初开始它的辉煌的征程。我们记忆犹新,正是 1900 年的夏天,在柏林近郊的林荫道上散步时,德国伟大科学家普朗克(M. Planck)酝酿光量子假说。在哥鲁尔瓦尔特森林的浓密的林荫下,普朗克兴奋地告诉儿子,经过一个炎夏的冥思苦想后,他断定通常的所谓热辐射,能量是以一颗颗相同粒子形成——"能量子"发射的。他的这一构想,在爱因斯坦的光量子(即光子)理论中得到了进一步的发展。从此光子、量子这些新奇古怪的名词,不仅在科学的庙堂中占据重要的地位,而且就是在日常生活中也逐渐流行。所谓"昆腾"计算器处理器,不就是量子(quantum)的译音吗? 名震遐迩的世界股票投机大王,20 世纪末东南亚金融危机的制造者索罗斯的基金会,不也叫量子基金会吗? 普朗克深知他的伟大发现的深远意义。他对儿子说道:"我的发现是第一流的革命发现,恐怕只有牛顿的发现才能与之相比。"

　　我们还应回忆起,正是在此前 3 年,1897 年 4 月,汤姆逊第一次宣布"电子"存在的迹象。开始汤氏称之为"微粒",后来改而称之曰"电子"。1899 年汤姆逊测定电子的电荷,正式宣布电子的发现。光子与电子保持基本粒子桂冠达 110 年而不坠落,成为现代基本粒子中资格最老的成员。这过去的 110 年,实际上是人类为实现对于物质世界的"简单性"与"统一性"的描述,进行强力冲击的 110 年。人类在这场战斗中,主战场就是粒子物理学,取得的成果真是洋洋大观。

　　人们揭开微观世界中一层又一层更深的物质层次,由分子,而原子,而原子核,而强子,而夸克和轻子。如今人们似乎又听到更深物质层次隐隐约约的悠扬的乐章,若有若无。真是"庭院深深深几许,帘幕无穷数"! 对于更深的物质层次的探索的强大动力，来自于对于物质世界简单性的探索。

我们到达了"极微世界"的"极微"深处吗？这个世纪的梦想能够实现吗？或许这梦想本身就是永远不能实现的玫瑰之梦？无论如何，追求这个梦，就洋溢着拥抱真理的无限乐趣；在追求中前进的每一个足迹，都意味着人类智慧与毅力不断喷发着火花，都意味着人类本身变得更为强大，离参透大自然的"玄机"更近了……

▲ 图 8-1　人类行进在实现终极之梦的伟大征途中

人们对于支配物质世界运动的相互作用——经纬梳理得越来越清楚，对于渗透在相互作用的韵律——对称性领悟得更加透彻，而且被对称性渗透的难以言喻的美陶冶得更加聪明。更加难能可贵的是，在各种相互作用中找到共同的主旋律——局域的杨—米尔斯规范对称性。人们成功地将爱因斯坦的梦想——统一所有相互作用初步实现：将弱相互作用与电磁相互作用统一起来了，而且几乎将弱电作用与强相互作用成功统一起来了。所谓大统一理论风行一时，现在还有许多人沉迷其中，竭力找到实验佐证。尤有甚者，将现在所有4种相互作用一股脑统一起来的"超引力理论",特别是"超弦"理论也成功构造出来。美中不足的是,尚未发现任何支持这些勇敢尝试的实验证据。换言之,所有"大统一"之类的理论,目前尚只能认为是有可能被证实的理论方案。但是,无论如何,我们对于世界统一性的认识已有了空前提高。

令人不可思议的是,我们找到宇宙的种种奥秘,其起源、演化处处均与极微世界息息相关。所谓茫茫太空,渺渺环宇,无处不蕴含极微世界的奥秘。而小宇宙的迷雾重重,时时露出大千世界的驰荡春光。我们不是多次引用宇宙学的资料说明许多微观世界的问题么。宇观之巨,微观之细,多样而和谐,纷繁而有序,变化而有致。但是两者结构的统一、规律的统一、运动的统一所表现的许多方面,令人惊奇!

值此21世纪开始的时候,我们确实感到人类终极梦想:以简单、质朴方式对于世界,包括极微世界给予可靠的统一说明,比任何时候显得更具体、更清晰、更富于魅力!人类此刻也比以往任何时候,满怀信心地行进在实现终极之梦的伟大征途中。

新世纪的第一个问题就是,极微世界的极微深处,是否到夸克—轻子层次为止了?抑或像毛泽东所预言的,物质是无限可分的,下面还有无穷多个微观层次?

早在20世纪80年代,许多人都注意到标准模型中,所谓夸克与轻子的对称性:

(1)自然界存在"味"数相同的夸克和轻子;总共有6"味"。

(2)夸克与轻子分别按同位旋构成相同的代式结构,共有3代;每一代有两个"孪生"伙伴(术语称弱旋两重态),即

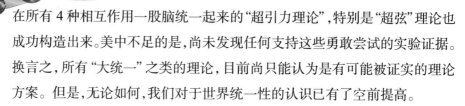

（第一代）　（第二代）　（第三代）

自左向右,一代比一代质量大

（3）将每一代的夸克与轻子对换，其弱电相互作用规律保持不变（遵从 SU（2）⊗U（1）的弱电局域规范对称性）；各代轻子的相互作用具有普适性（见上章）。

（4）每一代的轻子和夸克的电荷存在着精确的比例，如

$$Q_e（电子电荷）= 3Q_u（上夸克电荷）$$

$$Q_\mu = 3Q_c \qquad Q_\tau = 3Q_t$$

并且每一代的夸克和轻子的总电荷均为零。如第一代

$$3（Q_u + Q_d）+ Q_{\nu e} + Q_e = 3（-\frac{1}{3} + \frac{2}{3}）+ 0 +（-1）= 0$$

（乘以 3 是因为每味夸克有 3 色）

一代代夸克和轻子都重现完全相同的性质，如电荷、自旋、弱同位旋等。有人问，这种奇怪的"代模式"对称性会不会就是夸克、轻子层次的"周期表"，或者"八正道"对称性呢？我们知道，门捷列夫元素周期表是原子内部结构规律性（核外电子壳层的周期排列）的反映，"八正道"对称性是强子内部结构某种规律性的表现［SU（3）对称性］，那么当然有理由相信，这种"代模式"对称性也是夸克和轻子内部规律性的"折射"！

一个合乎逻辑的推测是，夸克和轻子都是由相同的物理实体构成。现在多数学者称呼这些更深物理层次的物理实体为亚夸克（subquark）。

近年来，在弱电统一场论建立起来以后，各种统一场论应运而生。这些理论也往往呼唤着亚夸克破茧而出。理论工作者发现，要把各种相互作用统一起来，非减少"基本粒子"的数目不可。唯一的出路就是引进"亚夸克"模型。

我们似乎正站在一个新的更深的微观层次——亚夸克层次的入口处，似乎隐隐约约看到一个花团锦簇的物理新天地。20 世纪 80 年代似乎是亚夸克理论风行一时的"丰收季节"，光是亚夸克的名称就叫人眼花缭乱，目不暇接：

▲ 图 8-2　20 世纪 80 年代各种亚夸克理论纷至沓来

亚夸克（subquark）　　　　族子（familon）

亚层子（substraton）　　　阿尔法子（alphon）

前夸克（prequark）　　　　贝塔子（beiton）

前子（preon）　　　　　　奎克（qwink）

初子（rishon）　　　　　　格里克子（gleak）

色子（chromon）　　　　　欧米伽子（omegon）

味子（flavon）　　　　　　毛子（maon）

单子（haplon）　　　　　　代子（somon）

　　我们试以初子模型和前子模型为例说明之，前子模型是帕提（J. Pati）和萨拉姆在 1974 年提出的，前子（preon）是"前夸克"（prequark）的缩写，前子有 3 类：味子、色子和代子。

表 8-1 前子模型简表

类型	性质	电荷（单位:e）	色	代数
味子	f_1	+1/2	无色	0
	f_2	−1/2	无色	0
色子	c_R（红）	+1/6	红	0
	c_Y（黄）	+1/6	黄	0
	c_B（蓝）	+1/6	蓝	0
	c_c（无色）	−1/2	无色	0
代子	s_1	0	无色	1
	s_2	0	无色	2
	s_3	0	无色	3

表 8-1 中列出了它们具有的 3 种基本物理性质，即电荷（以基本电荷为单位）、色和代数。这里要说明的是，此处三原色用的是红、黄、蓝，与目前一般物理学家的标准选择红、绿、蓝稍有不同。

但正如我们在前面说的，这里术语的差异并不影响物理本质。此处红、黄、蓝是原模型提出者采用的。这里不予改动，以存"原貌"，尊重历史。

所有的轻子和夸克均可由这 3 类前子构成。例如，电子 e^- =（ c_c　s_1　f_2）。这样 c_c、 f_2 的电荷均为 $-\dfrac{1}{2}$ 基本电荷，故总电荷为 $-\dfrac{1}{2}+\left(-\dfrac{1}{2}\right)=-1$（基本电荷）代数为 1，无色。果然具备电子所有性质。又如红 u 夸克，其构成方式 u_R =（ f_2　c_R　s_1）。显然电荷为 $-\dfrac{1}{2}+\dfrac{1}{6}=-\dfrac{1}{3}$（基本电荷），代数为 1，红色。

另一个影响较大的亚夸克模型是初子模型。该模型是以色列科学家哈拉里（H. Harari）在 1977 年提出的。他当时受聘于以色列魏茨曼科学研究院。他将亚夸克命名为初子，其种类只有 2 种，连同反初子共有 4 种。这比帕提、萨拉姆的 9 种前子简化多了。"Rishon"，希伯来语，有第一、原初的意思（参见表 8-2）。

表 8-2　初子模型简表

类型	性质	电荷 （单位：e）	色
正初子	T	+1/3	红　黄　蓝
正初子	V	0	红　黄　蓝
反初子	$\hat{\text{T}}$	−1/3	反红　反黄　反蓝
反初子	$\hat{\text{V}}$	0	反红　反黄　反蓝

注意，初子 T、V 与夸克一样有 3 色。初子模型只讨论第一代夸克和轻子。例如正电子，其构成方式为 $e^+ = (T_R \quad T_Y \quad T_B)$，则总电荷为 $\frac{1}{3} + \frac{1}{3} + \frac{1}{3} = +1$（基本电荷）；红、黄和蓝三色 T 初子合成应为无色。容易验证，蓝 u 夸克，ub $= (T_R \quad T_B \quad V_R)$，其中 V_R 表示反红初子。

在构成规则中，还应加上正初子与反初子不能混合。例如$(\hat{\text{T}} \quad \text{V} \quad \text{V})$一类粒子不应出现。此外只有 3 个初子的复合粒子，没有 2 个初子的复合体。至于第二代、第三代夸克和轻子，后来哈拉里等认为是在第一代中加上成对初子。由于成对加上，除了给复合粒子增添质量外，其他如电荷、色等性质全都不产生影响。这种办法极为不自然。

至于初子如何构成夸克和轻子，特胡夫特认为，原因在于初子携带一种"超色力"（supercolorforce），其强度极强，而且也有"禁闭"性，禁闭范围约 10^{-18} 米。就是说，初子禁锢在夸克和轻子内，不能逃脱出来。

诚然，种种亚夸克理论都曾风靡一时，使许多人为之倾倒。但是，近来亚夸克理论反而沉寂下来。原因是，尽管"代模式"可以视为亚夸克存在的间接证据或线索，却一直缺乏直接实验证据。

直接的实验证据倒是相反：在现有的实验精度范围之内，没有发现轻子与夸克有任何结构。它们的行为与点状粒子一样。这就意味着，即使我们以后的实验精度进一步提高，发现它们有大小、有内部结构，也不过 10^{-19} 米。

当然，时而也有消息传来，比如我们在第四章谈到的，华盛顿大学的迪迈尔特在 1989 年宣称,通过对正、负电子回转磁因子 g 的测定,估计电子的半径为 10^{-22} 米左右。这目前只能算孤证,尚缺乏佐证。

1996 年 2 月,美国费米国立实验室的大型质子—反质子对撞机,能量达到 1800 吉电子伏。科学家在分析大量碰撞事例以后, 发现在质子与反质子之间确实存在剧烈碰撞。实验结果极其精确,似乎与目前的标准模型有偏差。有人断言,这种偏差是夸克也具有一定大小和内部结构的证明。

但是阿伯(F. Abe)等迅即在国际物理权威杂志《物理评论快报》撰文,认为这里发现的、以大角度(相对于入射方向)飞出来的高能喷注事例比标准模型预计的要多的现象,并非夸克具有内部结构造成的。一个更为简明、富于说服力的解释是,多余的喷注来自于质子与反质子中的胶子。他们分析费米实验室资料后得出结论:在 10^{-19} 米的精度水平上,夸克的行为是类点的,没有内部结构。

物理学归根结底是一门实验科学,亚夸克学说目前未得到实验的有力支持,势头自然趋弱了。没有实验支持的理论,有如无源之水,无根之木。理论之花一定要实验的营养的支持,才能灼然开放,结出丰厚的果实。换言之,是否存在亚夸克层次是一个有待实验判断的问题。完全有可能不存在我们通常理解的更基本的物质层次,也许到了夸克层次物质结构的规律具有我们不熟悉的特征。哲学命题从来不能代替科学的研究。

亚夸克理论的命运,有待于即将落成的高能加速器的锤炼,更有待日益完善的超低温(如激光冷却技术)精密测量的检验。目前一切都难以定论。

> 请你们告诉我,夸克与轻子有结构吗?

▲ 图 8-3 让加速器、检测器代替我们回答

轻子和夸克是否有内部结构的问题,实际上关联着是否存在物质的最终

理论问题。就夸克的禁闭特性而言，认为它有内部结构，由更小的粒子构成，似乎使一些人感到疑惑不解。因此，永远禁闭的夸克，或许就是物质结构层次探索的终点，这也不是不可以想象的。

哲学家在热烈争论物质无限可分的古老命题，物理学家则在默默地辛勤耕耘，他们信奉的格言——让事实说话。

如果夸克与轻子具有内部结构，不难想象，这种结构模式也许会一再重复，以至无穷，因此我们对极微世界的探索领域是无穷无尽、没有止境的。到底如何，让更高能量的加速器代替我们说话吧，让更精巧、更准确的检测器作出回答吧！

河畔青芜堤上柳，为问新愁何事年年有
——SU(5)大统一理论的幻灭

如果说 20 世纪 60~70 年代实验物理学家提供越来越新鲜有趣的实验事实，使理论物理学家手足无措、难以应付的话，那么自标准模型建立以后，理论物理学家一改被动的态势，大踏步地向所谓终极目标"统一现有已知的 4 种相互作用的统一场论"迈进。

爱因斯坦临终时感叹道："自从引力理论这项工作结束以来，到现在已经 40 年过去了。这些岁月我几乎全部用来将引力场理论推广到一个可以构成整个物理学基础的理论。有许多人为了同一目标而工作着。许多充满希望的推广，我后来一个个放弃了……

……我完成不了这项工作了；它或许被遗忘，但肯定会被重新发现，历史上这样的先例很多。"

爱因斯坦的统一场论的玫瑰之梦，或许已经到了实现的时候吧？在完成弱电统一场论以后，理论家一鼓作气，设计出许多以杨—米尔斯局域规范理论为灵魂的大统一理论（GUT，即 grand unified theory），将强相互作用与弱电相互作用统一起来的理论。

在 GUT 中,最使人留恋、曾是最有希望的是所谓 SU(5)理论。SU(5)是比 SU(3)和 SU(2)⊗U(1)大得多的规范对称性,并且可以将它们自然包括进去。这个理论是格拉肖与当时在哈佛大学作博士后研究的乔治(H. Georgi)提出的。他们认为,随着能量的增高(或者距离的减少)强相互作用会减弱,而在极高能量处大约为 10^{15}GeV,它与弱电相互作用强度趋于一致,而汇合为一种大统一力了(参见图 8-4)。我们注意,在能量为 100GeV 时,弱相互作用和电磁相互作用合二为一,统一为弱电力。在大统一能量标度 10^{15} GeV 时,轻子与夸克的区别也消失了,弱电相互作用与强相互作用并和为一种力,叫做大统一力。

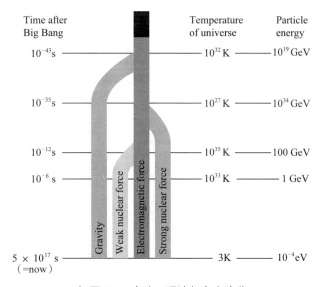

▲ 图 8-4　大统一理论与宇宙演化

SU(5)理论最吸引人的地方是,在标准模型中,每一代的夸克与轻子都天衣无缝地并入到 SU(5)对称性的两个表示相应变换的对象的某种对称分类:"5"维表示和"10"维表示。试以第一代为例,只是注意中微子ν_e,因为只有左旋,这比一般粒子既有左旋又有右旋不同。就是说在每一代成员计数时,要除以 2。即ν_e连同反中微子$\bar{\nu}_e$,也只能算一个成员。第一代夸克有 2 味:u 与 d,每一味又分 3 色,故应说有 6 种夸克,加上电子共 7 种,连同 7 种反粒子共有 14 个成员,中微子连同反中微子,只算 1 个成员。用这种计数法,每一代

成员均为 15 个。这 15 个成员分为两族：

第一族：$\begin{vmatrix} v_e & \bar{v}_e \\ e^- & \end{vmatrix}$ $\begin{vmatrix} \bar{d}_R & \bar{d}_B & \bar{d}_G \end{vmatrix}$ 相应"5"维表示。

第二族：$\begin{vmatrix} u_R & u_B & u_G \\ d_R & d_B & d_G \end{vmatrix}$ $\begin{vmatrix} \bar{u}_R & \bar{u}_B & \bar{u}_G \end{vmatrix}$ e^+ 相应"10"维表示。

其他两代夸克与轻子都可以作类似的填充。

这样一来，第一代的夸克和轻子又找到了"血缘"关系。由 SU(5)对称性，可以确定 e、u 与 d 的电荷，正好是标准模型给出的。可以验证，这里的两族夸克和轻子的总电荷为零。这些原来"硬性"给出的电荷值，得到自然解释：就是 SU(5)对称性的结果。

SU(5)大统一理论有 24 个规范玻色子，其中 12 个就是标准模型中的 8 个胶子和光子、3 个中间玻色子。另外还有 12 个称为 X 与 Y 的玻色子，传递着以前未曾发现的新的相互作用，可以把轻子变为夸克或者夸克变成轻子。这些 X、Y 玻色子先生真是天才的魔术师，仿佛瞬间把猴子变为橘子。试看图 8-5。由此导致的最严重的后果，就是质子不再是绝对稳定的，它会衰变。就是

$$p \rightarrow \pi^0 + e^+$$

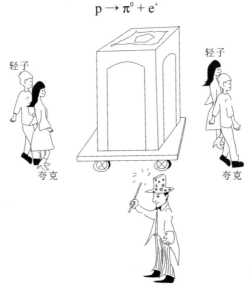

▲ 图 8-5　魔术师的 X、Y 玻色子使夸克变轻子、轻子变夸克

这种衰变过程可以表示如图 8-6 所示的费曼图。

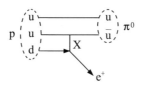

▲ 图 8-6 质子衰变为 π^0 和正电子(此处 $\bar{u}$ 应该改为 $\bar{d}$)

从图 8-6 可以看出,质子的衰变,从本质上来说是由于质子中的 u 夸克分解为 X 玻色子和正电子,

$$u \to X + e^+$$

另一个 u 夸克吸收 X,变为 $\bar{d}$ 夸克,

$$u + X \to \bar{d}$$

质子(u u d)变为(u $\bar{d}$)即中性 π 介子。理论确定质子衰变的半衰期(寿命)大致为 $10^{30} \sim 10^{32}$。由于现实中所有物质实体:星球、地球、动物、植物、人类本身,都是由质子与电子构成的,质子的衰变,意味着所有这一切,都会衰变为一团介子云和正电子云,烟消云散,不复存在。

诚然,大家不必为此担心。即使质子寿命为 10^{30} 年,这也足够维持我们宇宙的稳定了。大爆炸学说告诉我们,宇宙的寿命至今约 100 亿年,就是 10^{10} 年,即 3×10^{17} 秒,假定将 1 秒扩展为宇宙年龄(10^{10} 年),宇宙的寿命仍然只有 3×10^{27} 年,还只有质子寿命的 $\dfrac{1}{300}$ 呢!

这里质子的寿命(所有微观粒子的寿命都一样)应理解为半衰期,即在这个时间有一半的质子衰变为其他粒子。

但是,宇宙中的质子数目异常庞大。例如,地球所包含

▲ 图 8-7 千年仙鹤万年龟,质子寿命超过 10^{30} 年

的质子数有 10^{51} 个，就是说平均每年有 10^{21} 个发生衰变。于是，测量质子衰变就是 SU(5)大统一理论的最好检验。

从 20 世纪 70 年代到现在，人们用了很多办法，探测质子衰变。在美国俄亥俄州克利夫兰东边的莫顿盐矿，在法国与意大利之间勃朗峰（Mont Blanc）隧道旁的洞穴，在意大利格里诺勃与都灵之间的隧道，在日本的神冈，在印度南部深达 2300 米的科拉（Kolar）金矿，以及在中国、俄罗斯一些地方，人们都张开天罗地网去搜寻质子衰变的信息。偶尔也传来发现质子衰变的消息，然而一经复查，都不可靠。分析现在实验资料，尚无一例表明质子衰变。就是说，从现在的实验资料来看，即令质子会衰变，其寿命恐怕要超过 10^{33} 年。

后来人们想尽种种办法，扩大对称性，如超对称 SO(10)等，目的是通过延长理论对于质子寿命的预言，以挽救 GUT。但不得不遗憾地指出，这些方案看来都收效甚微。

为什么这样合情合理、有声有色的大统一理论，这样难以被大自然接受呢？难道看来就要实现的玫瑰梦就破灭了么？功败垂成，不由人发出"河畔青芜堤上柳，为问新愁，何事年年有"的感慨！

美国在 20 世纪 80 年代曾经举行过一次早期宇宙的学术讨论会，与会人士身穿的 T 恤衫上写着"Cosmology takes GUTS"，直译为宇宙学需要勇气。GUTS 有勇气的意思，但 GUT 则是大统一的英语缩写，这里有一语双关的意思。早期宇宙学，或宇宙的创生确实是无法离开高能物理的，以致称之粒子宇宙学。大爆炸宇宙学告诉我们，大爆炸宇宙诞生以后的瞬间，极早期宇宙的历史，无不与粒子物理息息相关。我们只举出与大统一理论有关的两点。

狄拉克的反物质理论，C 对称（魔镜）理论中，正、反物质完全等价，至少在标准模型中，正、反粒子（物质）在我们宇宙中一样多。

1933 年 12 月 12 日，狄拉克在荣获诺贝尔物理学奖时宣称："如果我们采纳迄今在大自然规律中所揭示出来的正负电荷之间完全对称的观点，那么我们应该看到下述情况纯属偶然：地球，也可能在太阳系中，电子与正质子在数量上占优势，十分可能。但对某些星球来说，情况并非如此，它们主要由正电子与负质子构成。事实上,可能各种星球各占一半。"

但是,在宇宙中,就我们观察所及,反物质真是寥若晨星,为数较少。狄拉克所预言的情况并不存在。观察资料细节的分析,暂且搁置。粗略的估算表明,在我们的宇宙中,每立方米平均只有 1 个重子,反重子的数目可以认为是零。宇宙目前的尺度约为 10^{26} 米的数量级。因此不难算出,宇宙目前的重子数为(10^{26})^3 × $1=10^{78}$(个)。

根据大爆炸模型,在大爆炸后 10^{-35}~10^{-36} 秒时,宇宙的尺度约为 1 厘米。大体可以认为当时宇宙的重子与反重子数目的差,就是现在宇宙中重子的总数。当时宇宙的重子总数根据大爆炸模型为 10^{87} 个,所以反重子的数目应为(10^{87}~10^{78})个:两者数目实际相差无几。就是说,每个重子对应于

$$\frac{10^{87}-10^{78}}{10^{87}}=1-10^{-9}$$

个反重子,或者相当于每 10^9 个重子,伴随(10^9-1)个反重子。

▲ 图8-8 由极早期宇宙中的"浩劫"所残留重子构成我们宇宙的一切

这样看来,在极早期的宇宙,重子与反重子的程差极小。10 亿个重子,对应着 999999999 个反重子,重子比反重子只多 1 个而已,或者说不对称性只有 10^{-9}。尽管如此,这 10^{-9} 的不对称从何而来,却是大爆炸宇宙学说中的难题之一。

但是大统一理论自然包括这一切。GUT 中质子可以衰变,实际上意味着我们在关于对称性的第三章中谈到的 CP 对称的轻微破坏,也就是重子数不守恒(1 个核子的重子数为 1,反粒子则为 −1,质子衰变,重子数就不守恒),这就可能产生极早期宇宙所出现的重子与反重子的不对称性。

我们注意,在 10^{-35} 秒时,宇宙中温度极高,达 10^{28}K,相当于 10^{15} 吉电子伏能量,这正是 GUT 起作用的能量,此时质量极大的 W^+、W^-、Z^0 介子,加上 X 与 Y 玻色子显得异常活跃,强作用、电磁作用与弱作用已汇合成一种大统一力了。

这就是为什么宇宙学需要 GUTS 的原因。

切不要轻视此时的 10^{-9} 这一点不对称。在以后宇宙演化过程中,重子与反重子的湮灭过程急剧进行,即

$$重子 + 反重子 \rightarrow 高能辐射(\gamma 光子)$$

绝大部分重子与反重子,都“湮灭得”无影无踪。只有原来那“净多余”的 10^{-9} 的重子,由于找不到配对的反重子发出“火拼”,得以在这场浩劫中幸存下来。它们“大难不死”,劫后余生,一直保存到今天。

不管令人多么难以置信,我们宇宙所有的天体——恒星、星云、超新星、类星体等,几乎全部都是由这些劫后余生的幸运儿所构成的,其中包括我们这个美好的蔚蓝色的地球所有的一切:高山大泽,树鸟花卉,乃至人类本身。

此外,现在爆炸学说叫暴胀宇宙论。按照这个理论,在大爆炸以后 10^{-34} 秒,宇宙经过一个非常奇怪的暴胀阶段,持续时间约为 10^{-32} 秒或稍长一点。其间宇宙的尺度瞬间暴胀 10^{50} 倍、暴胀之所以发生,产生于某种类似于 GUT 中的真空自发破缺机制。

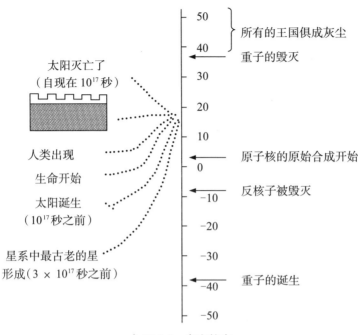

▲ 图8-9 宇宙简史

图8-9列示了宇宙演化的简史。在图8-9中我们可以看到,按大爆炸学说,宇宙大概始于138亿年前的大爆炸,根据科学家估算,考虑到宇宙不断膨胀,因此我们宇宙目前的尺度为900亿光年。1光年大约为94605亿千米。图中时间标尺是取对数以后的示数。我们生活在宇宙史中的核子时代(又称强子时代),应该说是恰逢盛世。大致从现在起,再过 10^{17} 秒(约50亿年)太阳将灭亡。

衣带渐宽终不悔,为伊消得人憔悴
——终极之梦超弦

大统一理论看来会终将得到拯救,但目前的GUT肯定不行,需要作重大修改。

理论家们并不止步,而且大胆向大自然挑战,提出形形色色的"终极设计",将所有相互作用(强、弱、电磁相互作用,尤其是将引力相互作用也包括进来）统一起来的理论模型。20世纪末物理学家向最终的超大统一阔步前进，构造出多种内在协调的模型，克服了许许多多的艰难险阻，为奔向终极之梦"衣带渐宽终不悔，为伊消得人憔悴"。这里的"伊"就是终极之梦，无怨无悔而消瘦的人就是物理学家。

在图8-10中，简洁表示了物理学家致力于物理现象统一认识的努力概况。基础物理学家们受到了一种思想的鼓舞，即也许他们同终极设计只有一步之隔。超弦是最后一步吗？众说纷纭。

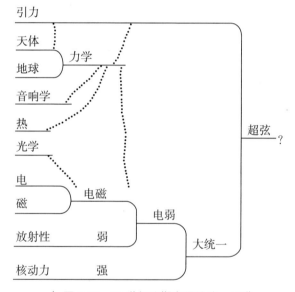

▲ 图8-10 20世纪晚期向最终统一迈进

20世纪物理学的最大憾事，就是引力理论的量子化一直未能成功。物理学家们的前赴后继，奋勇直前而又屡屡失败的"沧桑史"，令人不胜感慨（参见图8-11）。失败的原因何在，就是引力理论如果采用通常的量子化方法，就会出现无穷多个发散项。电动力学和杨—米尔斯理论尽管都出现发散现象，但是发散项都只有有限个，因此，尽管十分困难，物理学家最终都找到了相应的消除发散的办法，即重整化方案。现有的重整化方案都只能对付有限个发散项的情况，对于引力理论的发散无能为力。因此，任何包括引力在内的统一理论，在这些最终设计中，最重要的问题是，以令人信服的方式，给出引力的量子化方案。

▲ 图 8-11 爱因斯坦的引力理论拒绝量子论的求爱

其中一个方向是沿着超对称方案前进的。所谓超对称（supersymmetry）是 20 世纪 70 年代早期两个俄国人小组, 即在莫斯科的列别多捷夫（Lebedev）研究所的盖尔芳德（Yu. A. Golfand）与李克特曼（E. P. Likhtman）, 在乌克兰哈尔科夫的阿卡洛夫（V. P. Akuloy）与沃尔科夫（D. V. Volkov）发现的。类似的工作, 美国的拉蒙特（P. Ramond）与许瓦兹和法国的勒维（A. Neveu）也在同时进行。1973 年, 德国卡尔斯拉黑（Karlsruhe）大学的维斯（J. Wess）和欧洲核子中心的朱米诺（B. Zumino）建立起第一类局域超规范对称性的"超引力"（supergravity）理论。

表 8-3　超镜中的粒子与超粒子世界

粒子世界		超粒子世界		
费米子	Ⓠ 夸克	Ⓠ 超夸克	玻色子
	Ⓛ 轻子	Ⓛ 超轻子（slepton）	
玻色子	Ⓦ W 粒子	Ⓦ W 粒子（wino）	
	Ⓩ⁰ Z 粒子	Ⓩ⁰ Z 粒子（zino）	
	Ⓗ 希格斯粒子	Ⓗ 希格斯粒子（higgsino）	
	ⓖ 胶子	ⓖ 胶子（gluino）	
	Ⓨ 光子	Ⓨ 光子（phoino）	
	Ⓖ 引力子	Ⓖ 引力微子	

所谓超对称,系指将玻色子变为费米子,或将费米子变为玻色子,物理作用规律保持不变的对称性。相应的抽象变换空间叫超空间,类似于同位旋空间,此时还是整体对称性。将上述对称性推广到超空间每一点,即是我们熟悉的局域规范对称性,确切地说应称为局域超规范对称性。后来经过朱米诺、布让德斯(Brandeis)大学的德塞尔(S. Deser)、纽约州立大学的弗里德曼(D. Freedman)、欧洲核子中心的布鲁克(S. Brook)、费拉拉(S. Ferrara)等人继续努力,终于在1976年建立起所谓超引力理论。其中交换引力的规范粒子叫引力子(graviton)及其超对称伴侣引力微子(gravitino)。前者自旋为2,是玻色子,后者则是费米子,自旋 $\frac{3}{2}$,质量均与光子一样为零。

后来更完备、更现实的超引力也建立起来了,叫做扩展超引力理论。如N=8(即具有8个引力微子的理论),理论包含1个引力子,8个引力微子,28个自旋为1的粒子,56个自旋1/2的粒子,70个自旋为0的粒子。遗憾的是这里预言的大部分粒子,在自然界中未发现其踪迹。

超引力理论最有趣的结果,就是每一个粒子都有其超伙伴(superpartner)。如电子的超伙伴叫超电子(selectron)。一般来说,费米子的伙伴冠以"超"(英语加前缀"s"),玻色子伴侣称为某微子(英语添后缀"ino",意大利语有小的昵称)。表8-3就是表示的粒子及其超粒子的对应情况。

超引力理论的最突出的成就,就是搬开了以前量子论与广义相对论联姻的最大绊脚石:发散困难。换句话说,超引力理论是可重整化的,亦即可以用恰当的系统方式处理在计算中出现的无穷大,得到可靠的有限结果。

但是,超引力理论是否正确,关键在于实验的检验。超引力理论也和弱电统一理论一样,利用所谓对称性自发破缺的机制,使W^+、W^-、Z^0以及超粒子获得质量。超粒子的质量很大,超乎目前加速器的能量。因此即令它们确实在自然界中存在,但目前在实验中却一个也未发现。超引力理论的这个解释,倒也勉强可以接受,但也成为迄今引起许多怀疑的原因。

如果未来加速器具有足够高能量(乐观主义者维腾认为,或许在1太电子伏的能区即可），对超粒子的检测，可以考虑两个特征。理论确认，超粒子的产生都是成双成对的，而在衰变时，最后总是产生奇数个超粒子。这意味着，在对撞以后最终会有一个最轻的超粒子留存下来。由于目前无法确定超粒子的质量，我们假定这个留存下来的超粒子就是光微子。

光微子与中微子相似，它与通常物质作用极其微弱，很难检测。尽管如此，目前在斯坦福的 PEP（能量为 36 吉电子伏）的正负电子对撞机，与德国的 PETRA（能量为 46 吉电子伏的正负电子对撞机），以及在欧洲核子中心的质子—反质子对撞机（能量 600 吉电子伏）都在紧张工作，希望发现光微子踪迹。但迄今 10 余年，尚无佳音传来。

无论超引力理论还存在多少问题，但是它毕竟是头一个包括所有 4 种作用力的方案，有可能成为最终的超大统一理论的基础。或许最终理论的实现是一个渐进过程，超引力就是这个过程的头一站。

超引力理论展示给我们是这样一幅图像：在现在宇宙，超粒子由于质量过于巨大，以致根本不起作用，但回溯到大爆炸后的 10^{-43} 秒，即所谓普朗克时间，宇宙的温度高达 10^{32}K，即 1 亿亿亿亿度的高温（大约 10^{19} 吉电子伏）。在如此高的能量下，超粒子、W^+、W^-、Z^0 的质量都可以视为零，变得极其活泼，此时引力与其他 3 种力都合而为一，称为量子引力（超大统一力），携带超力（superforce）的超粒子与普通粒子完全无法区别。宇宙此刻具有完全对称性。随着以后温度的下降，第一次对称性自发破坏发生，引力（或超力）与大统一力分开。温度继续下降，第二次对称性（大统一的对称性）自发破缺，强相互作用与弱电作用分开。至于弱电对称性破缺，一说发生在此同时，一说在稍后。总之，温度下降到一定值时，4 种现在已知力就逐渐全部分开了。

在 1970 年，芝加哥大学的南部、斯坦福大学的萨斯坎德（L. Susskind）和丹麦的哥本哈根玻尔研究所的尼尔松（H. B. Nielsen）提出所谓弦模型：在弦的振动模式与基本粒子之间有对应关系。以图 8-12 为例，注意图中弦上的小闭圈（100ps，即驻波花纹），可以用 1 圈、2 圈等代表不同强子。南部的弦理论中，弦无质量，有弹性，其端点以光速运动。用弦的张力表示粒子的质量。如果两根弦并合为一根弦，或一根弦断开为二，则可以表示粒子与粒子的相互作用。曼德尔斯塔姆（S. Mandelstam）对此进行详尽描述。

弦分两类：开弦与闭弦。弦的端点表示夸克。一根弦断开，则在弦断裂处的两端出现 1 个夸克与 1 个反夸克。重子由 3 个夸克构成，则可用 Y 形弦表示之，每个端点表示 1 个夸克。但是这个理论需要 26 维。这让大多数物理学家难于接受。当然这个理论还有许多其他缺点。

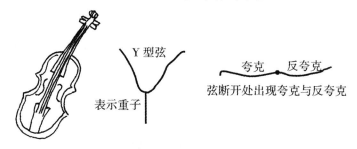

▲ 图 8-12　注意小提琴琴弦上的闭圈

在此期间，许瓦兹、斯切克（J. Scherk）、纳维等不断对弦理论进行改进和充实。1976 年斯切克与意大利都灵大学的格略兹（F. Gliozzi）、伦敦帝国学院的奥里佛（D. Olive）正式提出"超弦"理论，将超引力理论并入到弦理论中。但斯切克旋即意外去世，之后两人又转换课题。

"超弦"理论的大旗，许瓦兹与格林（M. Green）毅然扛起，许氏在 1979 年夏天与刚从剑桥大学毕业的格林都在欧洲核子中心工作。经过两年极为艰苦的努力，他们证明超弦论是可以重整化的，可以包含自然界的所有相互作用，容纳现在所有已知基本粒子。后来他们又证明，原来人们认为在理论中可能存在讨厌的"反常"，例如负几率，也是不存在的。

于是，在 1984 年夏天，他们在奥斯彭（Aspen）宣布，"超弦理论是国王，看来这就是可以解决一切的终极理论（theory of everything, TOE）。一年后，普林斯顿大学的格罗斯、哈维（Jeffrey A. Harvey）、玛丁尼克（E. Martinec）和若姆（R. Rohm）提出所谓杂化超弦理论（"heterotic" string model）。这是一种包含杨—米尔斯理论的封闭弦模型。换言之，这是规范理论，也是目前的最好的弦论。

20世纪90年代以后，又有什么两重性模型、M理论，但在本质上，变化不大。

这种理论，用小环（ting loop）描述基本粒子，而不是以前的点。环的典型长度为普朗克长度，约 10^{-35} 米；这个尺度只有核子的100亿亿分之一。这些环与质子的尺度相比，如同太阳系中的微尘。实际上，我们永远也看不到它们。弦的振动模式对应基本粒子，频率高者对应质量大的粒子，反之则对应质量小的粒子。

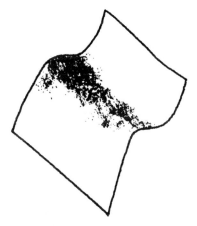

▲ 图8-13　一个世界膜：在时空中延展的弦10维

弦分为开弦和闭弦，又分玻色子弦和费米子弦。开弦的两端有"荷"，弦亦可振动，具有无穷多可能的自旋值。振动状态包括所有无质量的媒介（规范）粒子，但要除引力子而外。闭弦可以振动，但无"荷"。杂化弦是最重要的闭弦，它们通过"弦本身"传播，也有"荷"。

在闭环中传播的波有顺时针和反时针两种方式。对应顺时针波的是10维理论，而对应反时针波的是26维理论。超引力理论的主要问题之一，无法解释中微子只有左旋的，即所谓"手征性"问题。引进左"跑"与右"跑"的波（left and right running waves）后，超弦理论可以自然描述"手征性"了。

如果将时间包括在弦问题中，我们所面临的将不是一根弦，而是弦随时间延展所得到的"世界膜"（worldsheet），参见图8-13。就闭弦而言，所得到的有可能是膜，也可能是不规则的柱面，参见图8-14。这种膜可以想象为肥皂

（膜）泡。微风拂过，泡发生轻微颤动，这就和弦膜的振动一样。

▲ 图 8-14　在时空中延展的闭弦：不规则柱面

与在通常粒子物理用费曼图描写相互作用相似，在超弦理论中弦相互作用的主要类型有一根弦断开为两根弦和两根弦粘合为一根弦两大类。对于封闭弦则分为一个柱面断开为两个较小的柱面与两个柱面拼合为一个不规划图形，参见图 8-15。

▲ 图 8-15　在两个时空中延展的闭弦的粘合

为了考察单个弦，只需垂直于时间轴通过膜作"薄片"（slice）。结果表明，在弦论中的此类费曼图比通常费曼图一般更简单。

我们可以将通常的 4 维时空（空间 3 维，时间 1 维）与这里的 10 维进行对应，在超弦理论中，应将额外的 6 维紧致化消除。宾夕法尼亚大学的卡拉比（E. Calabi）与加利福尼亚大学的丘成桐（Shing-Tung Yau）发现一种奇怪空间，叫卡拉比—丘流形。普林斯顿大学的维滕证明紧致化可能导致这个流形。丘后来证明，实际还有几个流形也可以满足上述的对应性。

在超弦理论框架中，标准粒子物理模型可以嵌入到一个更大的可以重整化理论中，即超标准模型（super standard model）。该模型包括 12 个玻色子，同样数目的费米子，一些希格斯粒子，以及上述粒子超伴侣。超弦理论预言存在有一种奇怪的轻粒子——轴子(axion),以及"影物质"(shadow)。

关于探索轴子的工作,早已在各大型加速器中进行。影物质实际上是通常物质的镜像,是物质的另一类形式。它们与通常物质只是通过引力发生相互作用。由于引力极其微弱,因而在基本粒子水平上,可以说影物质与通常物质不存在任何相互作用,从而也就无法检验其存在了。但在大爆炸后第一秒钟内,两类物质有过猛烈作用,有过猛烈喷注发生。因此,在目前宇宙中影物质与普通物质一样仍然存在,并有相当数量两类物质在某些星系共存。

太阳系中也可能存在影物质,但是隐藏起来。不无可能,我们就生活在影物质之中,但察觉不到。科学家正在设计如何探索超弦理论所预言的影物质。我们发现影物质的这些奇怪性质与我们现在发现的暗物质很相像。

实际上,无非表明影物质只参与引力相互作用,好像是"超镜"中普通物质的影子。在普通的光学镜子中,是靠光的反射、折射成像的,由于光就是电磁波,因此光的一切行为,包括传播、反射、折射等,都是电磁作用引起的。换言之,光学成像即通过电磁相互作用成像。因此在普通镜子中,肯定是不存有影物质的影像了。"超镜"应该是靠引力波的反射、折射成像的魔镜。

从理论上来说,超弦理论也还很粗糙,问题很多,例如维数问题。超弦理论是10维理论,所有10维都在本质上是等价的。但是由于目前尚未明了的原因,其中4维膨胀形成我们今天的宇宙,余下6维保留不变,实际上紧致化后难以观察。

超弦理论问世以后,在理论物理学界立刻激起阵阵欢呼。大名鼎鼎的温伯格调侃说:"超弦是目前都市中仅有的游戏。"盖尔曼则疾呼:"它是非常漂亮的理论,尤其是因为其逻辑的严谨。""我想,他们干得棒极了。"有人更是赞声如云:"超弦理论的发现,是本世纪最伟大的科学发现之一,其伟大价值应与量子力学和广义相对论的建立相提并论。"

在一片雀跃欢呼之际,科坛怪杰霍金(S. W. Hawking,黑洞物理鼻祖,其通俗著作《时间简史》誉满全球)在其讲演中多次提到"最终设计"的问题。斯切克在1974年的论文中首次提出所谓"万物论"(TOE),霍金多次提及TOE,

认为超引力理论可能就是长期孜孜以求的"完整和统一的物理学理论"。温伯格在其名著《终极理论之梦》中慨然应允:"统一理论将完成对那些不能更深奥的原则解释的原则(著者按:即第一原理)的探索。"

然而,我们突然听到一个冷峻的声音:"我认为大统一理论对于粒子物理学很不利。对于某些自称为粒子物理理论学家来说,它似乎是合理的,甚至是时髦的。他们全部时间去冥思苦索比我们将来在实验室里所能研究的距离还要小得多的尺度的世界。"说这话的正是大统一理论的鼻祖之一,哈佛大学的乔治教授,这就更令人深思了。

东风吹醒英雄梦,笑对青山万重天——展望

以超弦、超引力理论为代表(包括大统一理论),TOE学派(著者姑且这样称呼它们)解释现有物理世界、克服理论发展的困难(如引子的量子化)、展示丰富的物理内容以及无与伦比的精致数学结构,诚然令人赞叹,而且毕竟初步实现了将现有4种相互作用、公认的几十种基本粒子在一个逻辑上合理的框架中统一起来。

然而,不仅大统一理论(包括其修正方案)所有预言(如质子衰变)经过20余年的努力全部落空,而且超对称、超引力和超弦理论的预言更是镜花水月。根本的问题是,目前实验条件所能达到的能量与大统一所要求的10^{15}吉电子伏能量相差太远。有人估计,以目前加速器技术水平,要观察到大统一理论所预言的大多数现象,必须建造10000亿千米长的加速器,参见图8-16;而要观察到所谓量子引力(万物理论)的能域,则需建造1000光年长的对撞机。换言之,理论远远超前于当前的实验水平。

没有实验检验的理论,如何判断其正确与否? 没有实验校正的理论,如何修正和发展呢? 量子论和广义相对论之所以被人们推崇为20世纪的最伟大科学创造,主要并不在于其思想的深刻和时髦,而在于其伟大的科学洞察力,在于其诸多预言被实验证实。弱电统一理论和量子色动力学等标准理论

之所以被称为 20 世纪粒子物理的最高成果,理由也是完全一样的。

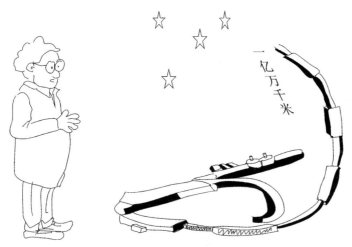

一亿万千米

▲ 图 8-16　要观察大统一理论现象需要建造 1 万亿千米长的加速器

杨振宁在评价极微世界中这种纯理论探索倾向时,直截了当地说,粒子物理"遇到了困境,严重的困境";目前"没有什么实验顺利取得重大进展;而没有实验的指导,理论就成为没有成功希望的瞎猜乱撞"。当然,杨振宁也承认:"物理领域仍可能通过数学的某些突破而取得进展,但从历史看,这种突破是罕见的。"

因此,有许多有识之士,认为目前在粒子物理中遭遇到某种危机。诺贝尔物理学奖得主、b 夸克的发现者莱德曼直言不讳:"如果我们不修造 SSC(超级超导对撞机)或类似的装置,我认为这一领域就寿终正寝了。"另一位欧洲核子中心的理论物理学家茹米拉(Alvaro De Rujula)幽默地指出,"超对称"(supersymmetry)与"迷信"(superstition)在读音上的巧合是意味深长的。即使乐观主义者、普林斯顿大学的维尔泽克(F. A .Wilzek)也承认:"我们曾为作出的基础性进展而高兴。但这一情况持续下去的可能性的确已越来越小了。"

我们回顾 20 世纪初叶,物理学经历了一场深刻的物理学危机,主要是无法解释当时在迈克尔逊(A. A. Michelson)光学实验中所涉及的光的传播问题,以及在黑体辐射研究中所出现的无穷大(所谓紫外灾难问题和相关实验与理论的矛盾）问题。为了寻求对付当时那场物理学危机的对策，1904 年在美国密苏里州圣路易市的一次学术会上，群贤毕至，济济一堂，卢瑟福、玻尔兹曼（L. Boltzmann）、彭加勒（J. H. Poincare）等硕学鸿儒都与会讨论，各抒己见，出谋划策。结果正如大家都知道的，"危机"终于"化险为夷"，而且这场危机的解决直接导致狭义相对论与量子论的创立。可见危机并非一概都是坏事。

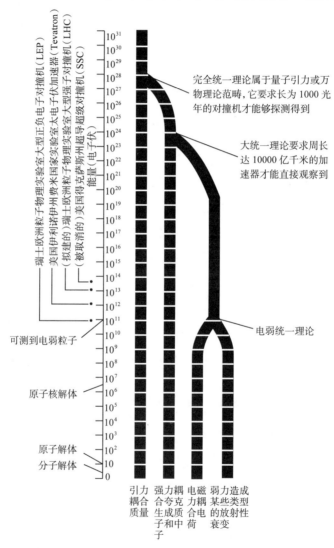

▲ 图 8-17　加速器能量与对相互作用统一理论的探索

但是，当前的"危机"却有不同的特点，不像20世纪初的危机来自于原来的理论无法解释新的实验事实，那种冲突是好事。现在的麻烦却在于冒出来一大堆没有经过实验检验，甚至根本无法检验的理论并预言了一大批无法探测的超粒子，参见图8-17。这场危机看来难于直接导致在极微世界探索的革命性创举，从而实现研究工作的某种跨越和跃进。

因此，什么最终设计，什么万物理论，什么最后完成，都还言之过早。实际上，即使我们创立一个能说明或统一当前所有相互作用和基本理论的万物理论（在历史上曾多次出现这样的时期，如19世纪末），也不会是理论的终结或探索的完成。谁知道，未来还有多少新的现象、新的作用发现？谁知道，关于物质层次的探索有无终结？

实际上，这才是科学的真谛，茹米拉语重心长地告诫，"物理学家应该为还不会很快找到终极理论的边缘而庆幸"，"把科学变成仪式才味同嚼蜡"。

爱因斯坦的话充满哲理："科学不是而且永远不会是一本写完的书，每个重大的进展都带来了新问题，每一次发展总要揭露出新的问题。"

1999年6月，霍金，这位终极理论的热情鼓吹者，多次学术会议上"弹出"较为悲观的调子。认为终极理论目前远未实现，乐观地说，连一半的路程还未达到。如果要对此有所评论的话，就是霍金的现实感虽有提高，但仍然过于乐观。

无论如何，对于自然界统一的力的探索，这个人类难以割舍的玫瑰之梦，不会就此破灭。也许有暂时的停顿和迂回，有对实验技术的改进的期待，有对于以往的总结和思索，然而正如法拉第（M. Faraday）所激昂诉说的（100多年前了！）："我所孜孜以求的那个力，它的难以摇撼的特色是多么博大，多么宏伟，多么庄严；而由此为人类思维所开辟的新知识的疆域又将会是何等辽阔。"

在这新旧世纪交替的时候，实验家给我们送来新探索的成果：发现t夸克，发现中微子振荡现象，发现反原子，发现胶球可能存在的迹象……理论家依然忙忙碌碌，他们知道，探索极微深处的漫漫路途，其修远兮！

让我们回到标准模型,也许更切实、更脚踏实地。在我们畅游大统一、超对称、超引力、超弦的太虚幻境之后,再来回顾标准模型的大观园。我们看到其中的花团锦簇,飞泉灵石,一草一木,一山一石,真真切切,都是经过实验再三检验过的啊!也许比起太虚幻境来,大观园少一些神奇色彩,少一些诡谲的气氛,少一些仙风道雨,但是,这是确实的真实的世界。

▲ 图 8-18　标准理论的大观园中,第二、第三代夸克和轻子就像贾宝玉的通灵宝玉,是女娲补天多余的顽石——累赘的构件

也许未来对微观世界的探索,从此出发,来得真实可靠。实际上标准模型大观园中,需要我们探讨的问题还多着呢。大自然深层的奥秘或许就隐藏在其中。

一个最显而易见的问题,为什么有三代夸克和轻子呢?实际上,我们这个光辉灿烂的宇宙所有的一切,星星、地球、山山水水、花鸟虫鱼、人类本身,其最小构件无不是由第一代夸克和轻子构成。第二代和第三代除了质量以外,各种性质完全一样。大自然为什么要不断重复自己?大自然在此为何画蛇添足呢?大观园中贾宝玉的通灵宝玉,是女娲补天后多余的顽石,第二代和第三代的夸克和轻子不正像这顽石一样,也是大自然多余的累赘构件么?这是物理学最难解的谜之一。

标准理论，以及以后发展的种种奇妙理论，都找不到这个问题的答案。

第二个问题就是，夸克囚禁、色囚禁。由于数学上的问题，标准的量子色动力学对此不能给出令人满意的解释。物理学家想了很多办法，如提出什么袋模型、弦模型、李政道的色介质理论等，但都没有把真正的原因讲清楚。李政道认为这是留给 21 世纪的两大难题之一。

规范场部分

希格斯场部分

▲ 图 8-19　弱电模型的大厦与 "自发破缺" 茅舍

有许多人相信，夸克的囚禁是相对的，在极高能量下，有可能形成夸克—胶子等离子体（QGP），虽然存在的时间只有飞秒量级，大约为 10^{-25} 秒，也是对囚禁的解脱。目前高能的重离子碰撞实验目标之一，就是希望探索所谓夸克—强子相变的信号，实际上，也是探索夸克囚禁问题解决的线索。通常的等离子体，是由自由的带正电的离子与电子构成。这里的夸克—胶子等离子体则是由自由（而不是囚禁的）夸克和自由的胶子构成。新世纪以来，RHIC已运行了几年，大量的实验数据都说明已出现 QGP 存在时预期的信号，但要把问题敲死，说明这一信号只能来自 QGP 而不是其他可能，仍需做大量的、系统的研究。

第三个问题，就是对称性自发破缺，以及相关的希格斯粒子（机制）问题。目前标准模型中对称性自发破缺这一部分，最令人感到不安。如果说弱电统一模型是一座坚固的大理石大厦的话，我们借爱因斯坦评价广义相对论方程时的比喻，对称性自发破缺这一部分最多只能算作是竹篱茅舍而已。原因是作为弱电统一模型基础的杨—米尔斯局域规范理论，原理简明严整，逻辑结构严谨，无懈可击，类似于广义相对论利用几何原理表示引力，清晰、漂亮、无可挑剔。但是自发破缺部分则不那么令人满意了，有许多凑合、不自然的痕迹，有许多人为加进去的自由参数，这一点也像引力方程表达物质的能量部分，一直是广义相对论中使人诟病的地方。

实际上，导致自发破缺的希格斯粒子至今未能发现，可以说，弱电统一理论的这一部分还有待实验检验。这就是在新的一代加速器的主要目标都是探寻希格斯粒子的原因。最近陆续落成的太电子伏级以上的对撞机和加速器，一定会在揭示所谓对称性自发破缺的奥妙上有所进展，无论希格斯粒子发现与否。

当然，我们还可以开出一分有待解决的问题的清单：

规范对称性的起源是什么？

在弱相互作用中奇怪的 CP 破坏的起源是什么？

夸克与带电轻子的质量为何有如此巨大差别？

但是，对极微世界的探索，实际上就是物质始原问题的探索。因而就与宇宙的起源问题结下不解之缘。读者在前面章节已多次看到两者难分难解的千丝万缕的联系，难道茫茫宇宙果真蕴藏揭开极微世界许多秘密的钥匙么？

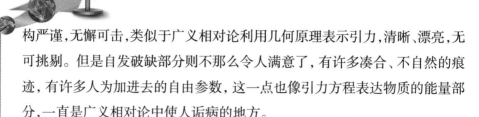

余波荡漾——中微子超光速实验

在结束本书的时候，从欧洲核子中心传来，震动科学界的惊人消息。2011年9月23日，英国自然杂志网站上报道：意大利格兰萨索国家实验室"奥佩拉"项目研究人员使用一套装置，接收 730 千米外欧洲核子研究中心发射的中微子束，发现中微子比光子提前 60 纳秒（1 纳秒等于十亿分之一秒）到达，即每秒钟多"跑"6 千米。

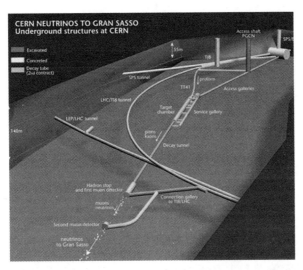

▲ 图 8-20 欧洲核子研究中心中微子实验的地下结构示意图

▲ 图 8-21 瑞士大型强子对撞机

▲ 图 8-22 意大利"萨德伯里"中微子
天文台里的中微子探测器

　　这一项目使用一套复杂的电子和照相装置,重 1800 吨,位于格兰萨索国家实验室地下 1400 米深处。项目研究人员说,这套接收装置与欧洲核子研

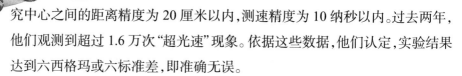

究中心之间的距离精度为 20 厘米以内,测速精度为 10 纳秒以内。过去两年,他们观测到超过 1.6 万次"超光速"现象。依据这些数据,他们认定,实验结果达到六西格玛或六标准差,即准确无误。

这一发现,之所以震动世界,是因为现代物理学建立在相对论和量子论两大支柱之上,而相对论的基本假设之一就是光速不可超越。如果发现了超光速现象,一百多年来人们深信不疑的相对论将受到严重挑战,也使科幻小说中的星际旅行和时间穿越成为可能,整个物理学要重写。

物理学界大部分科学家对于这个结果持保留态度。最根本的原因是相对论已经被无数实验证实。事实上,原子能和原子弹就是狭义相对论的重要推论。相对论的这些奇怪结果,只有速度接近光速时才显露出来,对日常生活是没什么影响的。但也不是完全没有,相对论最有名的推论就是质能关系 $E=mc^2$;由于光速是一个很大的数,它揭示了质量中蕴藏着巨大能量;原子弹和核电站就是基于这个原理,将一小部分质量转化为能量。

现在 GPS 走进了千家万户。GPS 的定位信号来自天上的 24 颗 GPS 卫星。由于卫星在绕地球高速飞行,它的时间会比在地球上慢,如果不做相对论修正,一天之后定位就会差好几公里。不过,更大的修正来自广义相对论中地球引力的修正。

一百多年来,相对论得到了多次的精确检验。除了很多专门的检验实验,实验室中的"日常"现象也都在验证着。比如在高能物理的加速器中,电子或质子的能量被加速得很高,但速度只能接近光速。在北京正负电子对撞机中,电子被加速到光速的 99.999997%,每秒钟在 240 米的加速环中转 1 百万圈。只要相对论稍有差池,我们就无法控制这样精密的加速过程。

正因为如此,不少知名科学家包括诺贝尔奖获得者,都斩钉截铁地说,肯定是 OPERA 实验错了。的确,OPERA 实验的测量难度很大,只有这样一个结果是很难让人相信的。

欧洲核子研究中心物理学家埃利斯对这一结果仍心存疑虑。科学家先前研究 1987a 超新星发出的中微子脉冲。如果最新观测结果适用于所有中微子，这颗超新星发出的中微子应比它发出的光提前数年到达地球。然而，观测显示，这些中微子仅早到数小时。"这难以符合'欧佩拉'项目观测结果。"埃利斯说。

美国费米实验室中微子项目专家阿尔方斯·韦伯认为，"欧佩拉"实验"仍存在测量误差可能"。费米实验室女发言人珍妮·托马斯说，"欧佩拉"项目结果公布前，费米实验室研究人员就打算继续做更多精确实验，可能今后一年或两年开始。

伊拉蒂塔托欢迎同行对实验数据提出怀疑，同样态度谨慎。他告诉路透社记者："这一发现如此让人吃惊，以至于眼下所有人都需要非常慎重。"

那么如何解释中微子超光速实验呢？

在OPERA实验结果发表后，除了科学家口头表达的看法外，很快就出现了数以百计的论文，探讨实验的结果。

从概率上来说，最大的可能性是这个实验本身有漏洞，只不过现在还没有被发现。有人指出了实验的几个测量环节有可能会出问题。诺贝尔奖获得者格拉肖发表论文，说明如果真的超了光速，中微子的能量会在地下飞行过程中损失，实验结果会自相矛盾。因此，当务之急是重复实验结果。诺贝尔奖获得者鲁比亚在参加北京诺贝尔奖论坛时表示，另外两个意大利中微子实验 BOREXINO 和 ICARUS 可以用来验证。美国 MINOS 实验也表示，他们会马上分析数据，给出一个初步结果，然后再改进测量设备，验证 OPERA 实验的结果。

第二种可能是中微子具有特殊性质，这样相对论也是对的，这个实验结果也是对的。比如说，欧洲核子研究中心发出的中微子有可能振荡到一种惰性中微子，而惰性中微子可以在多维空间中"抄近路"，然后再振荡回普通中微子，这样看起来中微子就跑得比光快了。这种理论认为超光速之所以出现，是因为我们的物理世界具有额外的维度，因而导致从四维空间来看似乎中微子速度超过光速，但实际上中微子由于"抄近路"，速度并未超过光速。

当然也有人认为中微子的质量不是固定的，与暗能量有关联，会随环境

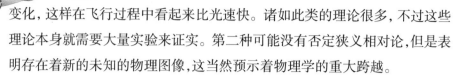

变化，这样在飞行过程中看起来比光速快。诸如此类的理论很多，不过这些理论本身就需要大量实验来证实。第二种可能没有否定狭义相对论，但是表明存在着新的未知的物理图像，这当然预示着物理学的重大跨越。

第三种可能就是相对论错了，光速是可以超过的。这个敢想的人还真不多。还是先重复一下实验，证明它对了再说吧。

目前，关于中微子超光速的实验已重启，不同国家不同科研组正在利用各种方法验证有关的实验。欧洲核子研究中心的研究负责人塞尔焦·贝尔托卢奇说，实验团队将采用不同的时间模式来发出中微子束，从而消除可能的系统误差。他表示，鉴于实验的结果对物理学具有颠覆意义，实验过程不会"敷衍了事"。美国费米实验室也宣布将重复欧洲中微子超光速实验。实际上，2007年费米实验室在明尼苏达州矿山曾做过相同的试验，但是结果的误差范围足以令人上蹿下跳。（欧洲核子研究中心的结果是对边缘统计肯定，这并不是一个意想不到的结果，也许能被视为一个新的发现）现在团队计划增加10倍左右的实验同时更新更多的数据，根据报告来做要点备忘录。

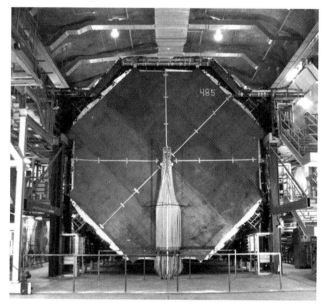

▲ 图 8-23　米诺斯远程探测器

米诺斯实验中，从其所在的明尼苏达州北部的实验室发送一束中微子束，使主注入器对中微子振荡搜索。就像在欧洲核子研究中心的实验，重点是要找出更多有关中微子的变化无常的性质，以确定其接收的频率。但是需要精确测量中微子的分离，穿越地球和到达探测器的时间。

米诺斯实验小组使用先进的全球定位系统和原子钟，以及 LED 灯检测中微子束从而得出结果。这些数据的更新正在进行，费米实验室和 SLAC 国家加速器实验室将根据对称破缺原理论证，然后把结果发表在其物理博客上。

与此同时，其他物理学家与国际学者无疑也会检查和复核欧洲核子研究中心的数据从而确定到底谁才是正确的。

中微子超光速实验将世界科坛的一池春水掀起层层巨浪，至今余波未息。回顾近几十年的物理学发展历程，类似的冲击并不少见，但最终往往无疾而终，或者无法验证，使我们感到隐隐约约看到超越相对论和量子论的新物理的微弱曙光，但似乎又不确定……

后 记 HOU
JI

本书从基本定稿到付梓,已经半年有余。其间从科学的角度来说,有一件事不得不提到,就是吵吵嚷嚷达大半年的所谓"中微子"超光速事件,荡漾的微波终于风平浪静,以喜剧形式结束。

在本书的最后一节,我们已经知道 2011 年 9 月 23 日,欧洲核子研究中心(CERN)宣布,由法国里昂大学的安东尼奥·埃雷迪塔托(Antonio Ereditato)和瑞士伯尔尼大学的达里奥·奥蒂耶罗(Dario Autiero)科学家领导的"奥普拉"(OPERA)研究团队在实验中发现中微子传递速度超过光速,轰动一时。他们测量中微子从欧洲核子研究中心到"奥普拉"所在的意大利中部的大萨索山(Gran Sasso)的传输(距离 730 千米),发现中微子到达大萨索山时,会领先光子 20 米率先越过"终点线"。换句话说,中微子的运动速度比光速快了0.0025%,或者说,中微子每秒钟跑的距离比光多 6000 米。对于物理学家来说,这是一件"不可思议"的事情,动摇了爱因斯坦在 1905 年提出的狭义相对论。狭义相对论是现代物理学大厦基础中的基础:在宇宙中不可能有物体的运动速度超过光速。尽管大部分物理学家对于所谓发现采取质疑的态度,但"奥普拉"研究团队则确信他们的发现,声称:"我们对研究成果很有信心。我们花了几个月时间,反复检验数据和设备,都没有发现任何错误"。富于戏剧性的是,在发布这项"发现"专业研讨会的欧洲核子中心的网络视频(CERN)吸引了超过 12 万人观看,而平时 CERN 的视频只能引来几百人。2011 年 11月,"奥普拉"团队再次确认了他们的测量结果。据说在两个月的时间里他们考虑了一切可能存在误差的地方,结果依然如故:中微子还是超光速。

同样位于意大利的大萨索山的一个叫做"伊卡洛斯"(ICARUS)的项目在2011 年 10 月和 11 月间,诺贝尔物理奖获得者、该项目发言人卡罗·鲁比亚

（Carlo Rubbia）宣布，他们进行的精度更高的探测来自欧洲核子研究中心的中微子速度实验，其结果中微子的速度与光速接近，但并没有超过光速。新的测量对这件事起了一锤定音的作用。

2012年3月末，历时半年之久的"超光速中微子"事件接近了尾声。作为"尾声"的一个标志性事件是，"奥普拉"（OPERA）研究团队两位领导人引咎辞职。这件事的喜剧结尾，标志现代物理学的基石是十分牢固的。

也许应该提到，上帝粒子——"希格斯粒子"的寻找，目前有了大致的结论：该粒子有99%以上的可能性是存在的。2011年12月13日，欧洲核子中心大型强子对撞机上的两个探测器研究组：ATLAS和CMS宣布2011年的数据分析结果，他们获得希格斯粒子的证据：这个粒子的质量大约是125GeV左右。当然这还不是最后的定论。

在本书的写作中，两位作者有良好的合作关系。具体的撰写和材料采集由何敏华博士担任，全书的总纲和结构安排由张端明教授负责，最后全书定稿由两人合作裁定。总之，全书的工作量大部分落在何敏华博士的肩上。在本书的编辑、校对的过程中，责任编辑知识渊博，眼光锐利，表现出极大的敬业精神，本书在初稿中的许多疏失和不足，都由他一一指正。尤其值得感谢的是，正是由于他的鼓励和支持，我们才敢于承担本书的选题。同时本书的体例、结构方面，也得到他多方面的帮助。最后我们要诚挚地感谢我们的家人。本书的顺利出版如果没有我们家人的全力支持是不可想象的，在此我们向彭芳明老师、魏晓云老师、张彤先生、牟靖文先生等致以最衷心的谢意！最后我们还要对方频捷博士、关丽博士、邹明清博士、杨凤霞博士后、李智华副教授以及龚云贵教授对于本书的选材、内容安排以及材料的校正等诸方面的大力帮助表示诚挚的感谢！

张端明　何敏华

2012年5月